零基础

习惯养成笔记

[日] 吉井雅之 著

李晓晗 译

日历

中国科学技术出版社

·北　京·

图书在版编目（CIP）数据

零基础习惯养成笔记 /（日）吉井雅之著；李晓晗译. — 北京：中国科学技术出版社，2022.11

ISBN 978-7-5046-9817-9

Ⅰ. ①零… Ⅱ. ①吉… ②李… Ⅲ. ①习惯性—能力培养 Ⅳ. ① B842.6

中国版本图书馆 CIP 数据核字（2022）第 197764 号

策划编辑	王碧玉	**责任编辑**	庞冰心
版式设计	锋尚设计	**封面设计**	马筱琨
责任校对	焦　宁	**责任印制**	李晓霖

出　　版	中国科学技术出版社
发　　行	中国科学技术出版社有限公司发行部
地　　址	北京市海淀区中关村南大街 16 号
邮　　编	100081
发行电话	010-62173865
传　　真	010-62173081
网　　址	http://www.cspbooks.com.cn

开　　本	880mm × 1230mm　1/32
字　　数	166 千字
印　　张	6.5
版　　次	2022 年 11 月第 1 版
印　　次	2022 年 11 月第 1 次印刷
印　　刷	北京盛通印刷股份有限公司
书　　号	ISBN 978-7-5046-9817-9/B · 110
定　　价	49.00 元

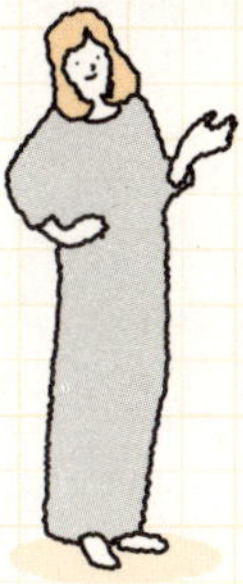

前　言

想要成为理想的自己
最重要的是先做做试试

感谢您阅读本书。

作为习惯养成顾问，我在17年间为5万人以上的企业经营者、以个体户为代表的商务人士、社团活动的学生以及广大考生，进行了实践训练。

至今为止，我在和为数众多的“成幸者[①]”打交道的过程中，发现了一些共同点。

这个共同点就是，所谓的“成幸”不是只有特别的人才能做到的，而是说无论是谁，只要你稍微意识到了这一点，坚持着试一试，就能够实现能力的提高，甚至能够改变自身周围的环境。

虽说所有人都是为了实现梦想而生，但也存在一些面对人生变得怯懦，或是由于错觉而对人生持否定态度的人。

我认为这是非常令人惋惜的。

就让我们以今天为起点，来改变通向大脑的路径，把“坏习惯”变成“好习惯”吧。

没关系的。请把这本《零基础习惯养成笔记》当作你人生路上的伙伴，如果遇到能给你带来启发的事情，无论是一件还是两件，都试着做做看吧。

如果你曾遇到以下情形，那么我尤其要推荐这本书给你。

“倒是有干劲，却总觉得事事不顺的人。”

“设立过目标，迎接了挑战，却从未完成到底的人。”

“认为自己的人生不顺是厄运使然的人。”

---

① 成幸者：对应“成功者”所指的获得预期的结果、达成目标的人，亦指获得幸福的人。——译者注

“买了书却总也不读，只是摆在书架上的人。”

“就算买了书开始读了，也一定会半途而废、不能读到最后的人。”

“参加研讨会、学习会时情绪高涨，却完全不落实到具体行动上的人。不，是不知道该如何行动的人。”

“按照别人说的、按照指南教的、按照所学的做了，却感到只有自己一无所获的人。”

“树立了目标，却感到有负担，被‘必须做’的责任感束缚，对实现目标失去兴致和期待的人。”

“有梦想，却没有勇气踏出第一步的人。”

请一定把这本书读到最后。

“这我好像能做到！”“这么简单就可以？”尝试从会让你有这些感觉的事情做起，这才是最重要的。

没关系的。无论是什么人，都是可以改变的。你会不断地进步。

你的大脑这个硬盘和周围其他人的没有什么不同。让我们从你的硬盘上删除“坏习惯软件”，安装上“通向成功的软件”“实现自我的软件”吧。

你是自己人生的经营者。作为自己人生股份有限公司的董事长，经营你的人生应当是你毕生的事业。

不管是在家庭中，还是在工作现场，无论是要把人生过得丰富多彩，还是要安于现状，都取决于你自己。

也正因为这一切都取决于你自己，你才能自由地做出改变。

请让我们一起，来更好地改变人生、成就理想的自己吧。

口号是……没关系，

你，不是一个人在战斗。

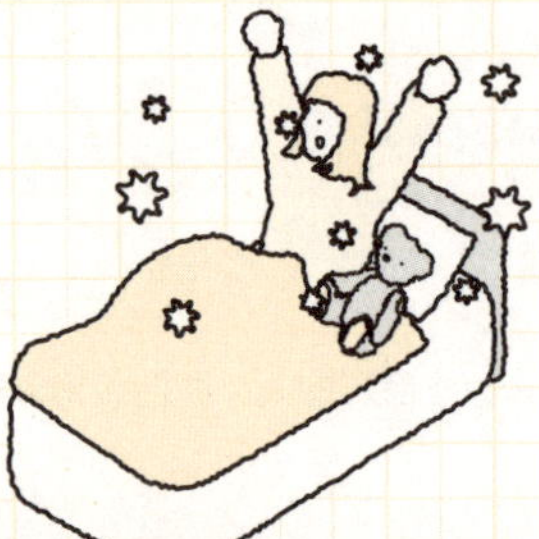

简单任务（Simple task）有限公司

董事长吉井雅之

目　录

序章

改变习惯，就能改变未来

第 1 章

说到底，习惯究竟是什么？

第 2 章

从“找到自我”开始吧

第 3 章

实践！无论是谁都能立刻做到的习惯养成术

第 7 章

能使工作顺利进行的习惯养成术

第 8 章

能够调整好心态的习惯养成术

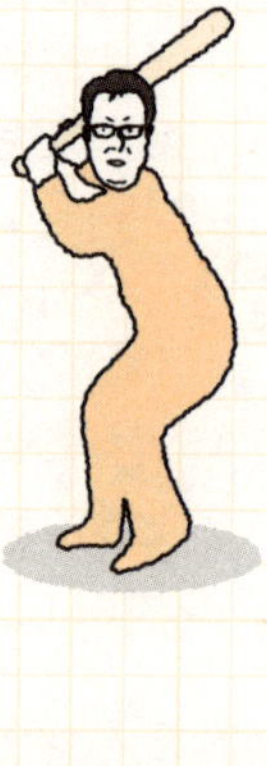

DATA BASE

习惯
养成笔记

序　章

改变习惯，
就能改变未来

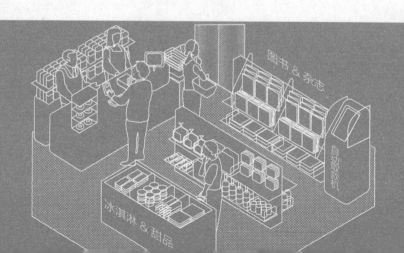

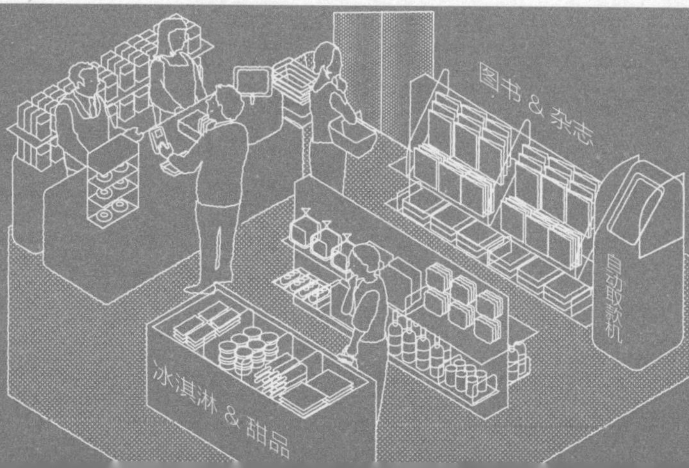

图书 & 杂志
自动取款机
冰淇淋 & 甜品

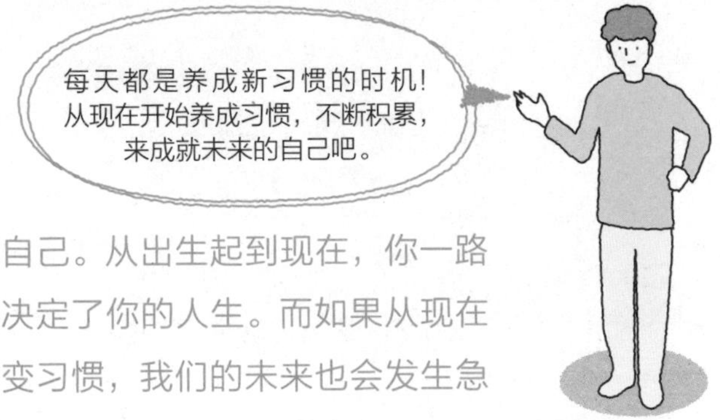
每天都是养成新习惯的时机！
从现在开始养成习惯，不断积累，
来成就未来的自己吧。

习惯会成就我们自己。从出生起到现在，你一路走来的所有习惯决定了你的人生。而如果从现在开始有意识地改变习惯，我们的未来也会发生急剧的变化。

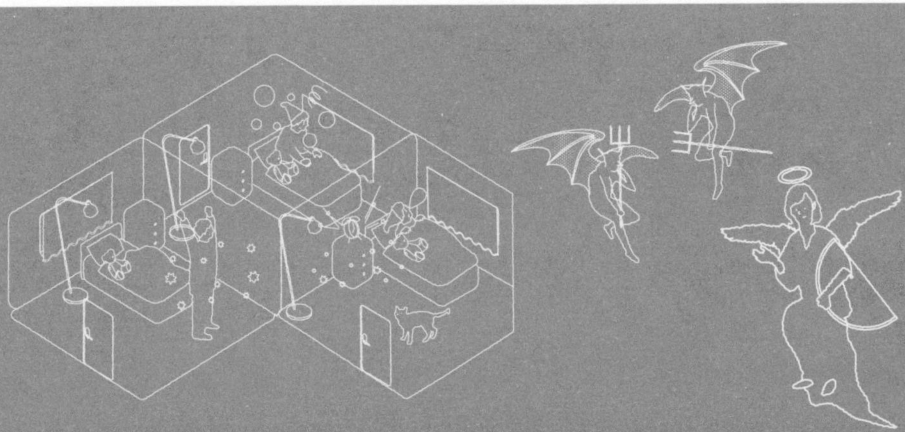

01 习惯决定人生

现在的我们，是由过去我们的语言、行动、思维等一个个习惯积累塑造而成的。

过去的习惯积累在一起塑造了现在的自己。听了这话也许有人会想，生来就有的能力和资质差异，和习惯没有关系吗？确实，学校里存在着学习好的孩子和学习不好的孩子，但这并不是说人们生来具有的能力存在什么差异，单纯只是具有孜孜不倦地学习的习惯和不具有这种习惯的孩子之间的区别。

学校里成绩的差别，不是由能力而是由习惯的差异造成的

呜哇
呜哇
刚出生的婴儿没有能力和资质的优劣之分。
发呆……
埋头苦干
学习好不好是由有没有孜孜不倦地学习的习惯造成的差异，而不是由能力的差别导致的不同。

也许你现在正被“无法戒烟”“不知不觉就吃多了”等诸如此类的烦恼困扰着。但是，造成这一切的原因并非你意志力薄弱，也不是你偷懒不中用，更不是能力和天资的问题。那么，到底是什么让你不能如愿呢？是因为你并不清楚培养习惯的方法。而养成怎样的习惯，决定了你的人生。

养成怎样的习惯，决定你的人生

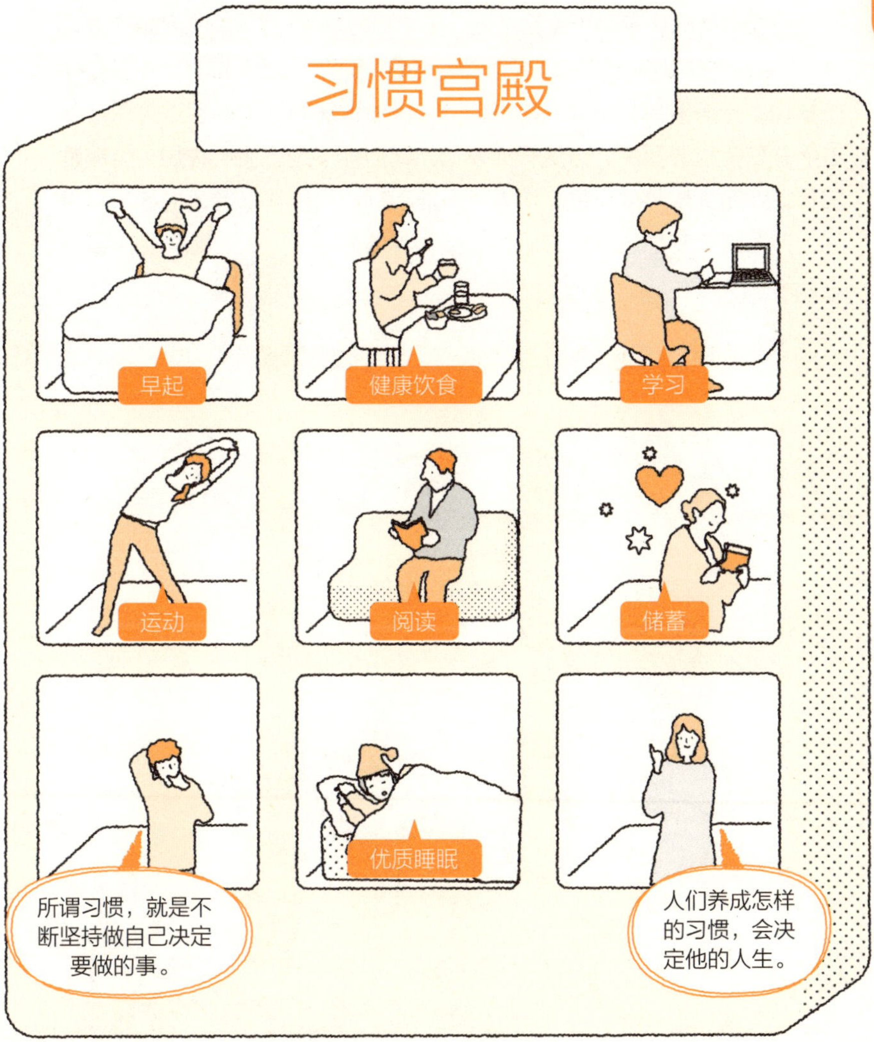
习惯宫殿
早起
健康饮食
学习
运动
阅读
储蓄
优质睡眠
所谓习惯，就是不断坚持做自己决定要做的事。
人们养成怎样的习惯，会决定他的人生。

02 每天都是养成新习惯的时机

习惯形成没有年龄限制，无论是谁、无论何时都可以开始。

习惯形成的优点在于无论是谁、无论何时都可以开始。“我想变成这样”，像这样描绘梦想的行为是没有年龄限制的。当然，这世上也存在一些物理上无法实现的事情。举个例子，假如你决心在退休后成为职业拳击手并获得世界冠军，像这样的事情，即便你下定了决心去做，也很难实现。但是，如果你只是想作为业余选手，成为所属年龄段内的世界冠军，那么这个梦想还是有充分的可能实现的。每一个人，每天都有机会进入新的阶段。

无论几岁都可以培养习惯

无论是谁，无论几岁，
今天都是你剩余人生中
最年轻的一天。
对每一个人来说，每天都
有机会进入新的阶段！

在养成习惯这件事情上，我们是不需要“干劲”的。事实上，干劲的多少是谁都无法测量的。那么，又是什么能决定你能不能干劲十足地去做一件事情呢？答案就是你自己。举个例子，就拿跑100米来说，“竟然花了20秒，我真没用”和“20秒就能跑完，我真行”，哪一种是你习惯的思考方式呢？不同的思考习惯，会令你在“是否有能力”的问题上产生不同的错觉。反正都是错觉，那么干脆就产生对自己有利的、令你感到“我意志力很强”的错觉吧。

仅仅凭借错觉，就能改变人生

我意志力很强！
①首先要深信不疑
起初要坚信自己是意志力很强的人，就算事实并非如此。
②刻画潜意识
这样一来大脑就会受到迷惑，把“我意志力很强”这件事刻画在你的潜意识当中。
每天跑步之类的，我原以为这辈子都不可能做到的……
尽情地营造对自己有利的错觉，这样你的行动也会紧随其后。
③把确信变为现实
这样持续下去，不知不觉间行为举止就会真的像“意志力很强的人”一样。

03 所有习惯都是语言被烙印在大脑里的结果

习惯是语言被烙印在大脑里的结果，你的人生会由习惯积累塑造而成。

明明出生时大家的条件都相差无几，为什么随着年岁的增长会产生习惯方面的差异呢？原因就在于“烙印”。如果你从小就被说“你真是个没用的孩子”，你就会认为自己是个没用的孩子。这是因为耳边不断听到的声音会在人们的脑海里形成烙印。烙印会养成习惯，而习惯塑造人生。

语言会烙印在大脑里

否定性的语言印入大脑，会让人养成在学习和运动方面容易放弃、做事喜欢拖延的习惯。

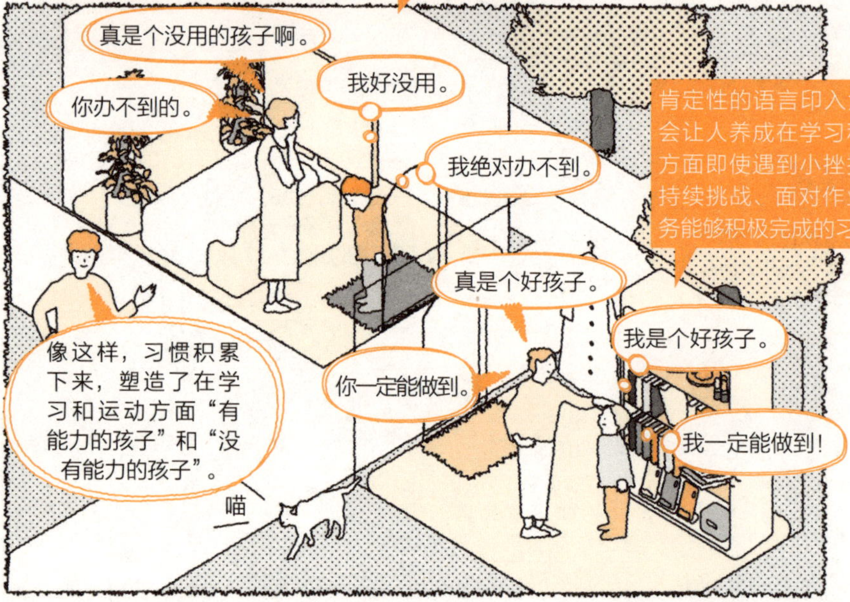

真是个没用的孩子啊。
你办不到的。
我好没用。
我绝对办不到。
真是个好孩子。
我是个好孩子。
你一定能做到。
我一定能做到！
像这样，习惯积累下来，塑造了在学习和运动方面“有能力的孩子”和“没有能力的孩子”。
喵

肯定性的语言印入大脑，会让人养成在学习和运动方面即使遇到小挫折也能持续挑战、面对作业等任务能够积极完成的习惯。

会在我们身上留下烙印的，不仅仅只有他人的话语。举个例子，能发自内心提供微笑服务的销售，就会自己给自己留下“如果顾客用了这件商品觉得满意，那我就很开心”的烙印，这样一来，这位销售在不知不觉间就会养成微笑的习惯。也就是说，我们所谓的与生俱来的能力和资质，大部分也都是烙印在大脑中产生的结果，是由潜意识催生的习惯。

烙印养成习惯

从小就一直被教育吃完东西要刷牙，所以多数成年人都会下意识地坚持好好刷牙。
所谓习惯就是像刷牙这样，自己不知不觉、自然而然就会去做的事。
就像前面所说的，我们自己发出的声音也会在我们的大脑中留下深刻的烙印。
我办不到。
烙印塑造习惯，习惯塑造人生。
人是被习惯操纵的。
这件事不会顺利的……
因此，如果你把否定的语言挂在嘴边，就会在不知不觉间丧失自信。
也就是说，如果我们能改变说话方式，有意识地用肯定性的语言留下烙印，就能改变自己的习惯。

04 改变习惯，就能改变未来

当你下定决心要做某件事时，可以通过反复在大脑中留下烙印，来达到改变未来的自己的目的。

我们自己也能做到对自己留下烙印。首先，我们要决定去做一件事情，无论多小的事都可以，然后时常有意识地多次重复做这件事，来试着把它烙印在自己的大脑里。这样一来，我们就会养成与以往不同的新习惯。如果说是过去的习惯积累下来成就了今天的自己，那就让我们把现在开始养成的习惯积累下去，塑造未来的自己。

所谓习惯，就是塑造未来的手段

业绩完全上不去。这样下去就没法养家了……
哪怕一个也好，我要培养有利于提升业绩的习惯！
8月，2021
9月，2021
好，我一定要每天打10个预约电话！
这是一位来参加我的（作者，吉井雅之）研讨会的学生的事例。

多养成一个习惯，并不意味着短时间内你就能看到显著的结果。但是，一年又一年的不懈努力，就能为你自己增加“我能做到持之以恒”的自信。培养出某种习惯，是能够为你带来改变的。重要的并不是“我坚持了什么”。坚持这件事本身，就已经具有了不菲的价值。

10月，2021
11月，2021
在1年里不断坚持做同样的事，销售额成了公司的第一名！
最优秀
您好！我是××公司的×××。
推销就不用了。
在另一个销售的事例中，他决定“给别人发邮件时要真诚”，将这件事坚持下去，使他成了公司内顾客重复购买率和推荐率最高的人。
就算只是一件小事，持之以恒地去做，也能改变未来。
当然，短短的一天两天是看不到结果的。

自学笔记

自学笔记

习惯
养成笔记

第1章

说到底，
习惯究竟是什么？

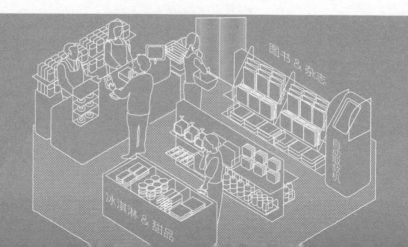

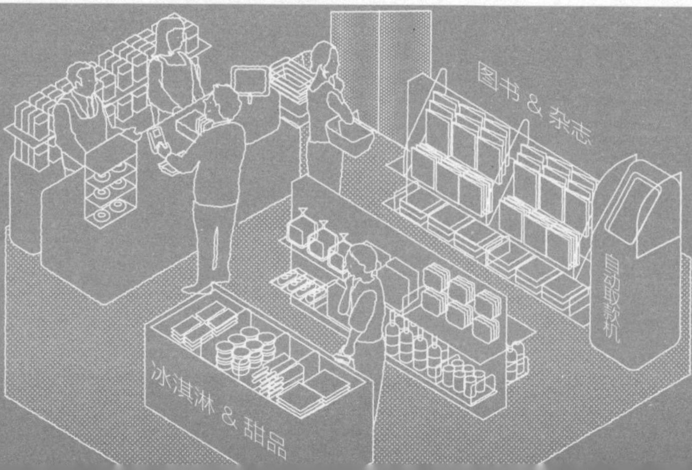
图书 & 杂志
自动取款机
冰淇淋 & 甜品

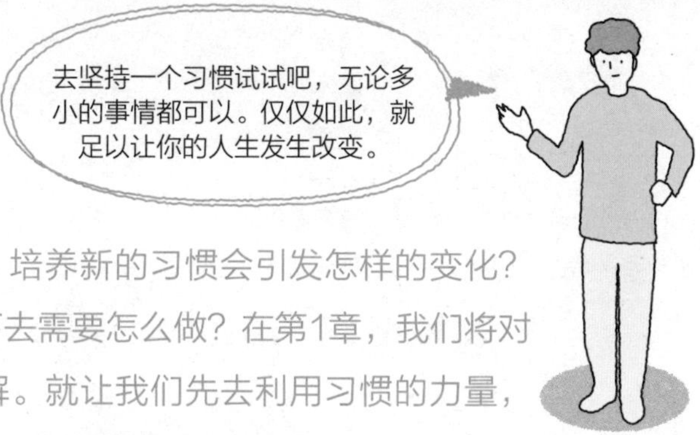
去坚持一个习惯试试吧，无论多
小的事情都可以。仅仅如此，就
足以让你的人生发生改变。

习惯究竟是什么？培养新的习惯会引发怎样的变化？想要将习惯坚持下去需要怎么做？在第1章，我们将对以上问题进行讲解。就让我们先去利用习惯的力量，来使自己成为一个运气很好的人吧。

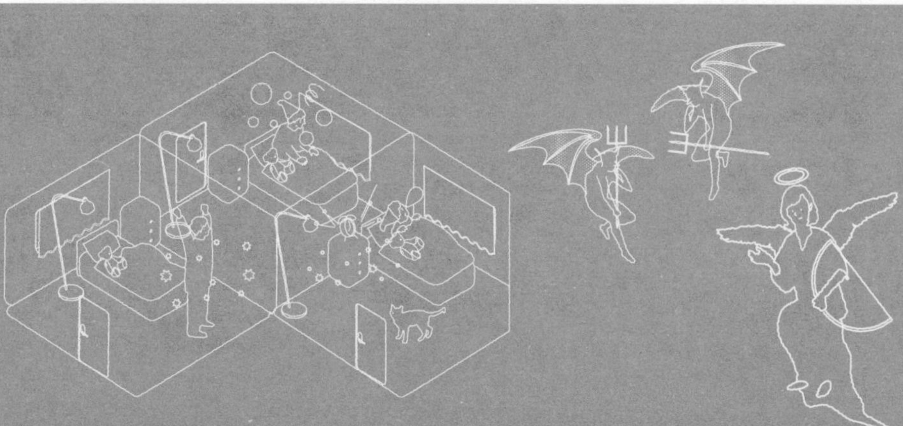

01 习惯就是不由自主就会去做的事

我们有意识地去做的事，是不能被称为习惯的。习惯之所以被称为习惯，正因为它是你下意识的反应。

习惯，通常被理解为“持续做某事”。但是，那些因为你意识到“不继续不行”才去做的事，严格来讲是不能被称为习惯的。如上一章所述，习惯是烙印在我们的潜意识中无意识就会做出的反应。也就是说，只有我们自己无意间随随便便就会去做的事才能被称为习惯。而这种无意识的行为，恰恰就体现了人的本性。

首先要了解自己的本性

您一定会用得上的！
笑眯眯
嗯
气呼呼
不，我不需要。
原本笑眯眯的销售员，在被对方拒绝时，在自己没有意识到的情况下流露出了生气的表情……这就是人的本性。
不让他人感到不适自然不用多说，如果你想尽可能地成为别人眼中的“好人”，就需要培养在任何场合下都能下意识地保持微笑的习惯。

当你能够直面“自己的本性”与“想要成为的自己”之间存在差距这个事实，你就已经迈出了改变自己的第一步。不清楚自己目前所处的位置，也就不会清楚距离目标的距离和方向。但是，如果你清楚自己的本性，就能朝着“想要成为的自己”这个目标，做出有效的努力。

没有必要否定现在的自己

我们现在的自己，是由我们过去的习惯塑造而成的。
重要的是我们首先要知道，是什么塑造了现在的自己。
现在的自己
理想中的自己
能够描绘出“理想中的自己”的人，一定拥有改变自己的力量。
接下来就是利用“习惯”这个技巧来接近目标了！
当我们发现了现在的自己（的本性）和“理想中的自己”之间的差距，下一步就能够按照自己所描绘的景象，来塑造未来的自己。

02 首先要描绘出理想中的自己

对于提高养成习惯的成功率，充分满足“被别人认可”的认可欲求会成为很大的原动力。

想要养成习惯，有意识地重复去做同一件事是很有必要的。因此如果我们没有“我想要变成这样”的意愿，坚持重复的行为就会变得很难。而这种“意愿”越强烈，养成习惯的成功率就越高。想要增强这种意愿最大的要点是，想象“当我成为理想的自己时，谁会为我感到开心呢”。

养成习惯的方程式

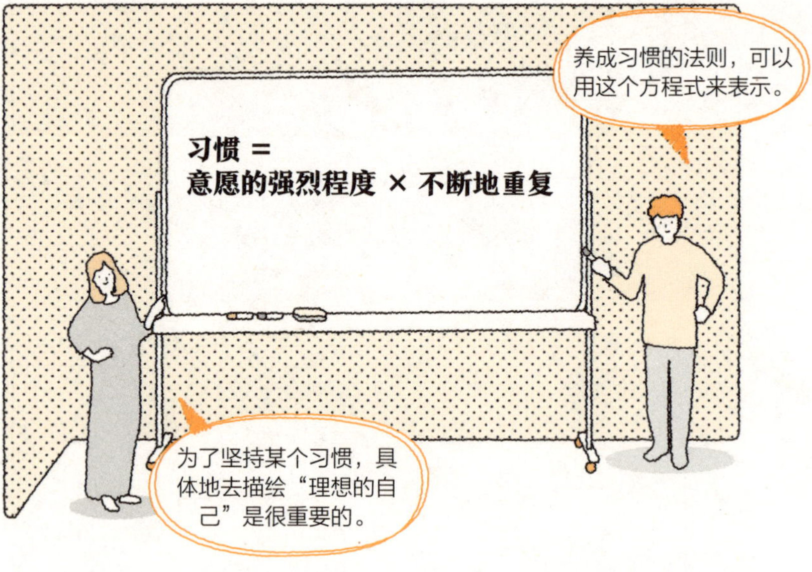
养成习惯的法则，可以用这个方程式来表示。
习惯 =
意愿的强烈程度 × 不断地重复
为了坚持某个习惯，具体地去描绘“理想的自己”是很重要的。

如果你有当你取得成果时，能和你一样感到开心、认同你的人，那么这将会成为你最大的原动力。这样的人有可能是家人或朋友、领导、同事、工作上的客户，等等，想必每个人脑海中都有许多面孔。如果你能具体地去想象和描绘理想中的自己，相应地，你的意愿就会增强。意愿的强烈程度和不断地重复想象，这两种行为组合起来，就能让你收获“习惯”这一巨大财富。

增强意愿的要点

增强意愿的要点，是要你自己去想象，当你成为理想的自己时，谁会为你感到开心。
妻子和孩子
朋友
领导和同事
工作上的客户
父母
对人们来说，要想努力坚持，“被别人认可”这种认同感是很必要的。

03 习惯就是遵守和自己的约定

通过改变习惯，你对事物的看法会发生改变，身边就会不断涌现出机遇。

习惯，换句话说就是遵守和自己的约定。这里的重点是，约定的内容要由你自己决定。也许你会感到意外，但事实上很多人都不能自己下决定。这其中大部分人都在想“要再加把油”“要更加努力”，但并没有决定“为此需要怎样做”。因此直到最后，这些人落实到日常的具体行为都不会发生任何改变，也无法养成习惯。

重要的是决定“我要这样做！”

总是只想着“要再加把油”，也不会发生什么变化。重要的是你要决定“为此需要怎样做”。
我要更加努力才行啊……
我得再加把油啊……
我每天都要打10个电话！
“我要这样做！”像这样自己确定好和自己约定的内容，就是养成习惯的开端。

大部分人都认为自己很难养成习惯。但是，这是不对的。你之所以认为自己很难开始培养一个习惯，是因为你跳过了重要的“自己下决定”这一步。反过来说，只要你能够自己下决定，那么对你来说，任何习惯都能养成。而只要养成哪怕只是一个习惯，也能让你的身边接连涌现出许多机遇。

改变习惯就会改变对事物的看法

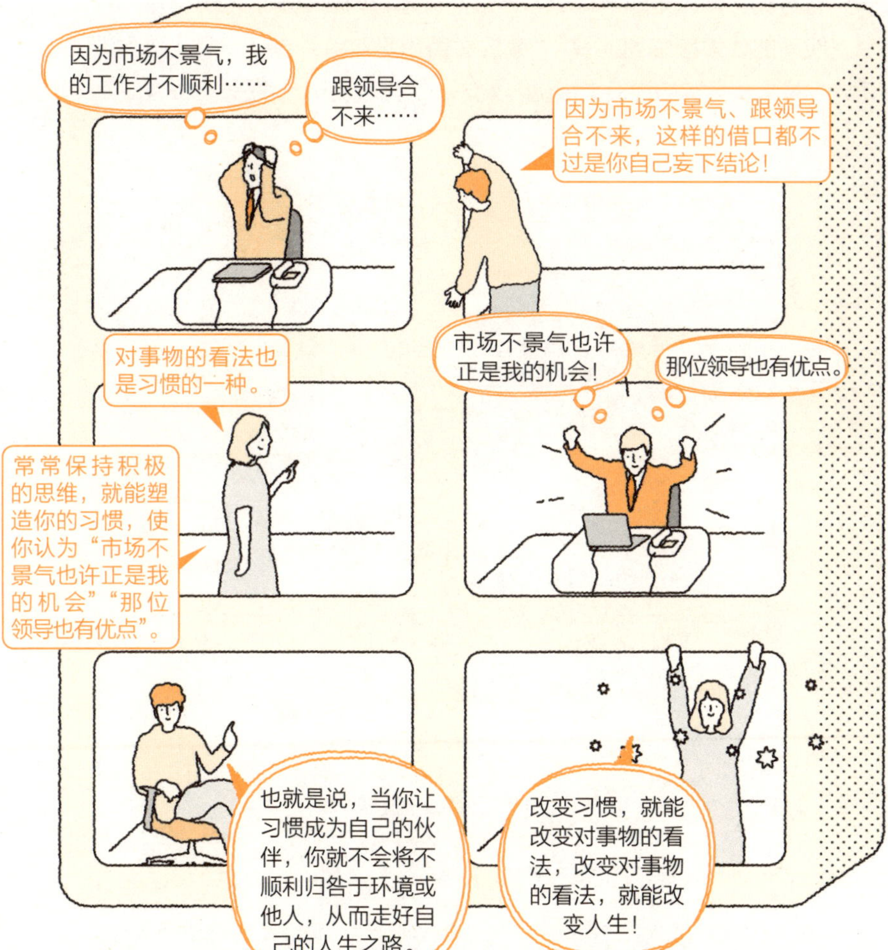
因为市场不景气，我的工作才不顺利……
跟领导合不来……
因为市场不景气、跟领导合不来，这样的借口都不过是你自己妄下结论！
对事物的看法也是习惯的一种。
常常保持积极的思维，就能塑造你的习惯，使你认为“市场不景气也许正是我的机会”“那位领导也有优点”。
市场不景气也许正是我的机会！
那位领导也有优点。
也就是说，当你让习惯成为自己的伙伴，你就不会将不顺利归咎于环境或他人，从而走好自己的人生之路。
改变习惯，就能改变对事物的看法，改变对事物的看法，就能改变人生！

关键词 → ☑ 接近反应，回避反应

04 能长期坚持的习惯和无法坚持的习惯之间的差异

通过迷惑大脑，你可以把“无法坚持的习惯”变为“能长期坚持的习惯”。

应当有很多人都有过想要养成好习惯却半途而废的经历。那么，能长期坚持的习惯和无法坚持的习惯之间究竟有什么差异呢？这个差异就是“能不能让大脑感到愉悦”。就这么简单吗？也许会有人对此感到惊讶。但是，从大脑的构造上来说，人的一切都取决于“好恶”。一言以蔽

人类只会坚持做让自己快乐的事情

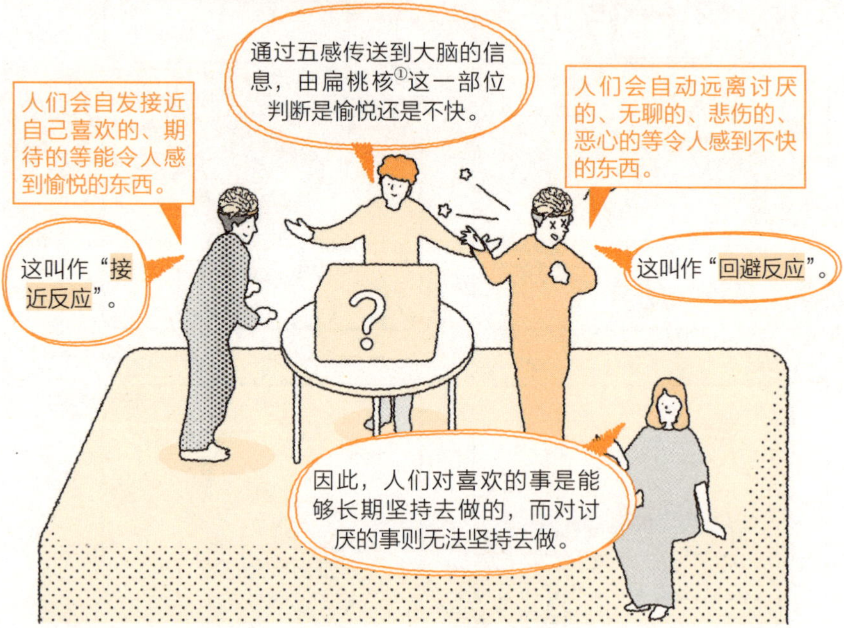
人们会自发接近自己喜欢的、期待的等能令人感到愉悦的东西。
这叫作“接近反应”。
通过五感传送到大脑的信息，由扁桃核①这一部位判断是愉悦还是不快。
人们会自动远离讨厌的、无聊的、悲伤的、恶心的等令人感到不快的东西。
这叫作“回避反应”。
因此，人们对喜欢的事是能够长期坚持去做的，而对讨厌的事则无法坚持去做。

① 扁桃核：扁桃核是人类的大脑核之一，它与本能行为、动情行为、自主神经机能的出现等相关。——译者注

之，人类只会坚持做让自己快乐的事情。

“不要玩手机游戏，去学习才是正事”，大部分人都遇到过像这样被我们认为“这样做才是对的，所以必须坚持”的事。但是，我们的大脑无法仅仅因为某件事是正确的就坚持下去。如果没有跃跃欲试的心情，无论是多么正确的事，我们的大脑都会自发产生回避反应。养成习惯不是强迫自己去坚持做正确的事，而是要努力享受做正确的事。

判断是愉悦还是不快的机制

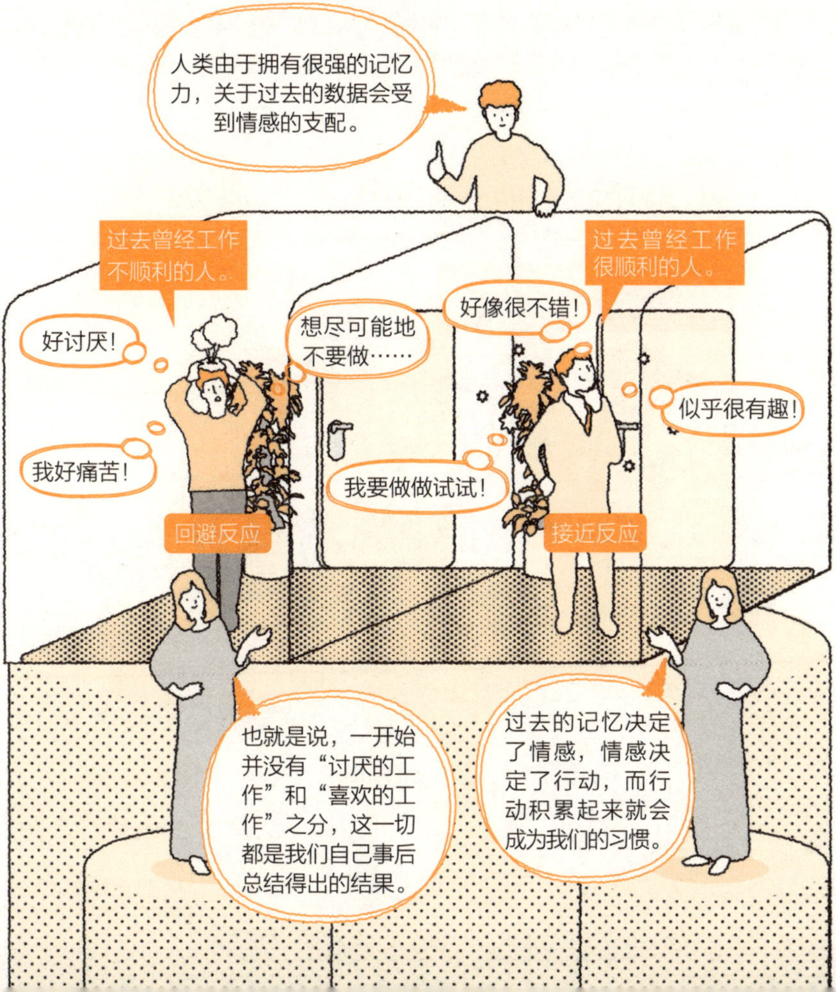
人类由于拥有很强的记忆力，关于过去的数据会受到情感的支配。
过去曾经工作不顺利的人。
过去曾经工作很顺利的人。
好讨厌！
想尽可能地不要做……
好像很不错！
似乎很有趣！
我好痛苦！
我要做做试试！
回避反应
接近反应
也就是说，一开始并没有“讨厌的工作”和“喜欢的工作”之分，这一切都是我们自己事后总结得出的结果。
过去的记忆决定了情感，情感决定了行动，而行动积累起来就会成为我们的习惯。

05 无法改掉坏习惯的原因

在养成习惯上做得不好的人和做得好的人之间的差异，可以用这个人是“希求安乐型”还是“希求充实型”来阐明。

就像前文所说的，大脑中的扁桃核对一件事是愉悦还是不快的判断，会使人的情感和行为产生“接近反应”或“回避反应”。当我们着眼于这种反应模式，在养成习惯上“做得好的人”和“做得不好的人”之间的差异就很鲜明了。这就是说，做得好的人具有接近有必要做的事，回避没有必要做的事的倾向。反之，做得不好的人具有回避有必要做的事，接近没有必要做的事的倾向。

做得好的人和做得不好的人之间的差异

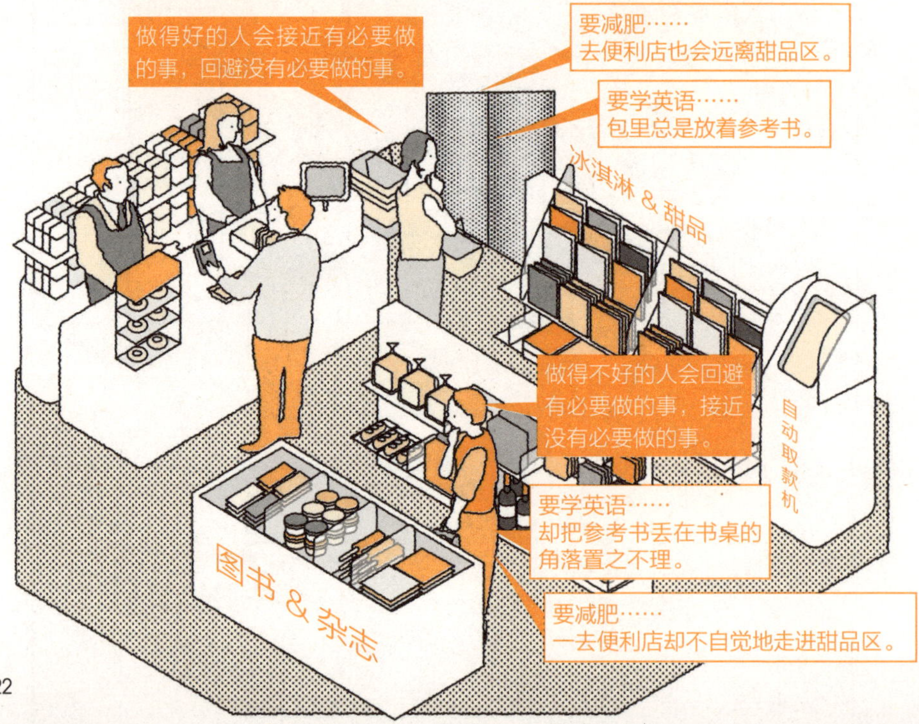

做得好的人会接近有必要做的事，回避没有必要做的事。
要减肥……
去便利店也会远离甜品区。
要学英语……
包里总是放着参考书。
冰淇淋 & 甜品
做得不好的人会回避有必要做的事，接近没有必要做的事。
自动取款机
要学英语……
却把参考书丢在书桌的角落置之不理。
图书 & 杂志
要减肥……
一去便利店却不自觉地走进甜品区。

为了培养习惯，还有一件需要事先理解的事。那就是，人类是有“希求安乐”和“希求充实”这两种欲求的。在培养习惯的过程中，这两种欲求会相互碰撞。当对安乐的欲求占了上风时，好习惯就无法持续了。如果人们能够不耽于眼前的安乐，而是有意识地充实自己的人生，那么无论是谁，无论多少岁，都能获得成长。

“希求安乐”和“希求充实”

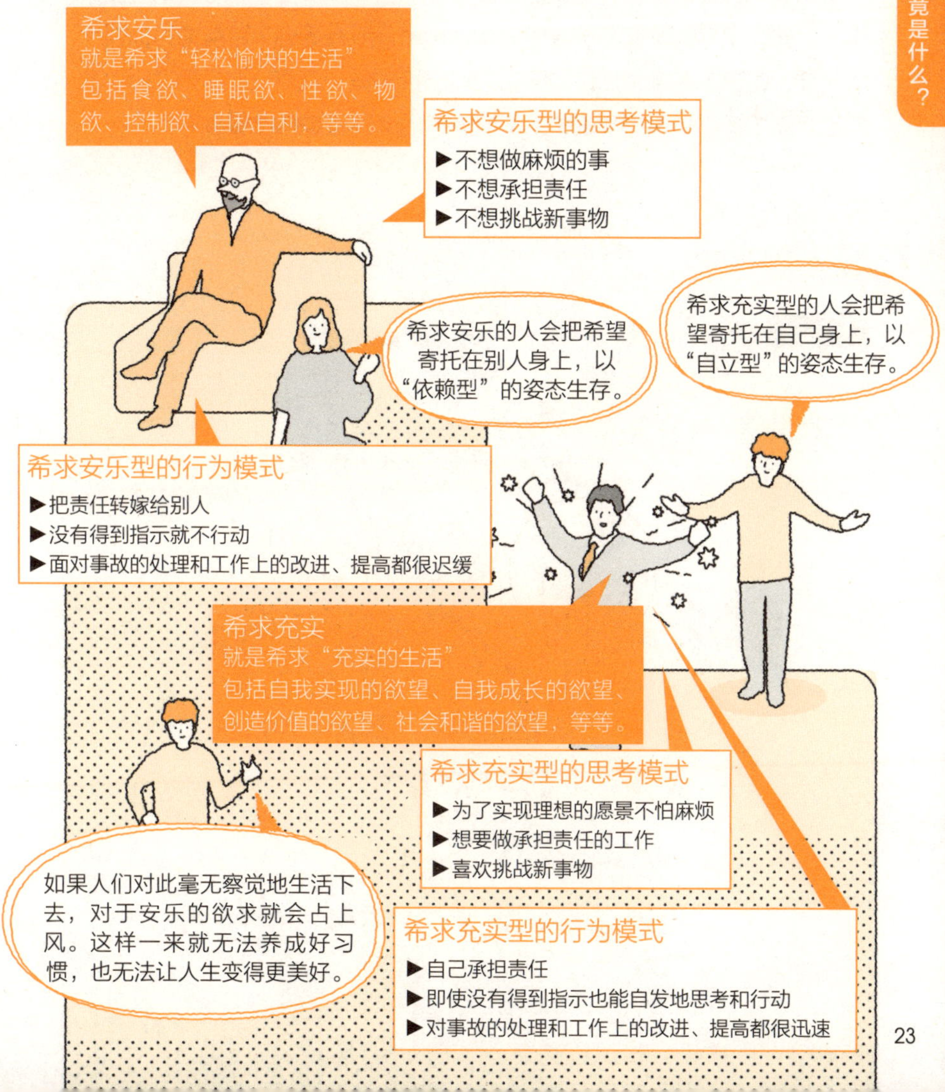

希求安乐
就是希求“轻松愉快的生活”
包括食欲、睡眠欲、性欲、物欲、控制欲、自私自利，等等。
希求安乐型的思考模式
▶不想做麻烦的事
▶不想承担责任
▶不想挑战新事物
希求安乐的人会把希望寄托在别人身上，以“依赖型”的姿态生存。
希求充实型的人会把希望寄托在自己身上，以“自立型”的姿态生存。
希求安乐型的行为模式
▶把责任转嫁给别人
▶没有得到指示就不行动
▶面对事故的处理和工作上的改进、提高都很迟缓
希求充实
就是希求“充实的生活”
包括自我实现的欲望、自我成长的欲望、创造价值的欲望、社会和谐的欲望，等等。
希求充实型的思考模式
▶为了实现理想的愿景不怕麻烦
▶想要做承担责任的工作
▶喜欢挑战新事物
如果人们对此毫无察觉地生活下去，对于安乐的欲求就会占上风。这样一来就无法养成好习惯，也无法让人生变得更美好。
希求充实型的行为模式
▶自己承担责任
▶即使没有得到指示也能自发地思考和行动
▶对事故的处理和工作上的改进、提高都很迅速

06 仅仅一个习惯也能为人生带来急剧的变化

虽然我们说要“养成习惯”，但也没有必要想得那么夸张。仅仅一个习惯，就足以改变人生。

无关年龄和职业，无论是谁，都能够凭借养成仅仅一个习惯来改变人生。工作、学习、家庭乃至人际关系，习惯在所有场合下都能成为你强大的伙伴，无论多么微不足道的事，只要坚持去做，就能让你成为理想中的自己。无论多小的事情都没关系，请大家也来试着坚持做做看吧。

习惯改变人生的事例

▶其一

“把每天要做的事写在一张纸上，在任务没有全部完成之前不睡觉”，某家企业的职员小A，将这个习惯保持了10年从未间断。
最终，小A成立了自己的公司，并在全世界15个国家发展自己的事业，成了一名跨国商人。
把每天要做的事写下来，在这个过程中，小A心里逐渐明确了“自己真正想要做什么”，对于“为此需要做什么”也有了很多想法。

“工作不顺利”“总是无心学习”“减肥失败”，等等，人们有着各种各样的烦恼。但是，只要稍微地做出一点改变，养成一些习惯，这些情况就有可能得到改善。如果拥有养成习惯的能力，那么无论怎样的烦恼和问题你都能应对。仅仅一个习惯，就能让你的人生发生超乎想象的变化。

▶其二

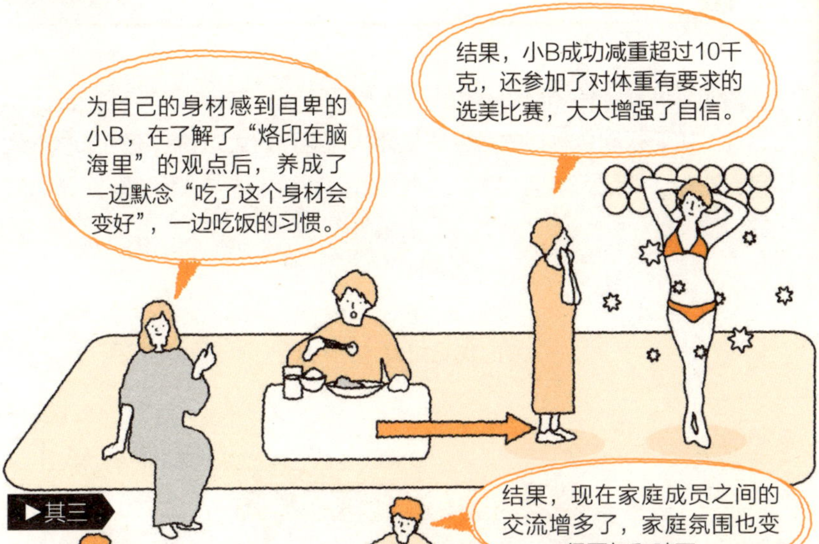
为自己的身材感到自卑的小B，在了解了“烙印在脑海里”的观点后，养成了一边默念“吃了这个身材会变好”，一边吃饭的习惯。
结果，小B成功减重超过10千克，还参加了对体重有要求的选美比赛，大大增强了自信。

▶其三

为家庭关系感到烦恼的小C养成了每天对太太说“谢谢”的习惯。
结果，现在家庭成员之间的交流增多了，家庭氛围也变得更加和睦了。
习惯甚至能大大改变人和人之间的关系。
这些只是参加我（作者，吉井雅之）的研讨会的人的事例中的“一小部分”。

07 用习惯培养“运气很好的自己”

如果你觉得自己运气不好，那么你要知道，这是由你自己造成的。因为运气很好的自己，是要通过自己来塑造的。

我们既可以坚持好习惯，也可以改掉坏习惯。这一切都与我们自己如何思考、如何行动息息相关。也许你会认为至今为止遇到的不如意都不是你自己的错，而是因为运气不好。但导致这些结果的并非他物，正是你自己的习惯。

养成习惯的步骤

①了解“自己的本性”。
②具体地描绘出“理想中的自己”。
第1阶段
第2阶段
第3阶段
现在的自己……
我将来要做老板！
首先要直面“现在的自己”和“理想中的自己”之间存在差距这一事实。
想象当成为“理想中的自己”时谁会为自己开心，会很有效。

我们向大脑输入的任何信息，当以语言和动作之类的形式输出时，都能被正向转化。当一个人输出的信息总是正向的时，那么他也能为周围的人提供正向的输入，因此这样的人所到之处气氛总是和谐融洽。这样一来，任何事情都能顺利进行。所以这些被认为“运气很好”的人，事实上都是通过习惯塑造了“运气很好的自己”。

不要耽于眼前的安乐，来思考如何“度过充实的人生”吧。
⑤首先养成一个习惯。
下一阶段
一直坚持是很重要的。
③决定“我要这样做！”
④接近有益处的事，回避没有益处的事。
第2阶段
第1阶段
把游戏机放回老家吧……
每天都一定要读书！
仅仅一个习惯就能为人生带来急剧的变化！
人与人之间没有能力的差异，只有习惯的不同！
“自己来决定”要做什么，这便是“习惯”的开端。
把习惯变成伙伴，去成为理想中的自己吧！

08 向棒球运动员铃木一朗① 学习习惯养成术

这一章的最后，让我们来向活跃在日本和美国职业棒球界、留下光辉历史的选手铃木一朗学习他的习惯养成术吧。

在日本和美国两地的职业棒球界都曾大显身手的选手铃木一朗，曾有过这样的名言："所谓'准备'，就是消除所有可能成为借口的因素，完成

万全的准备可以带来自信

铃木一朗的名言

为了能在比赛中高水平发挥，我在身体和心理上都要做到不懈地准备。对我来说最重要的事，就是在比赛前做好万全的准备。

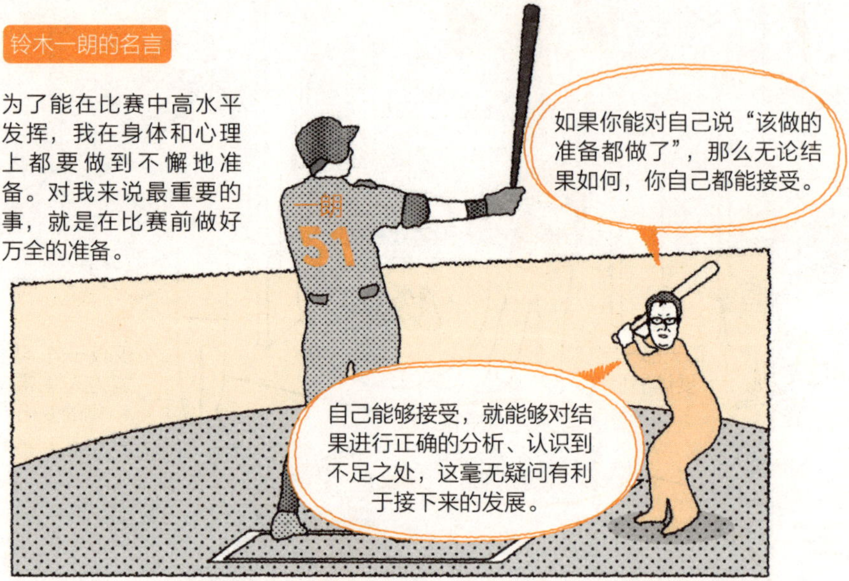
一朗
51
如果你能对自己说"该做的准备都做了"，那么无论结果如何，你自己都能接受。
自己能够接受，就能够对结果进行正确的分析、认识到不足之处，这毫无疑问有利于接下来的发展。

① 铃木一朗，1973年出生于日本西春日井郡丰山町，是日本著名的职业棒球运动员。他不仅在日本职业棒球赛中取得过非凡的成绩，也曾效力于美国职业棒球大联盟西雅图水手队，作为棒球界充满传奇性的人物而被世界所熟知。——译者注

为达成目标所能想到的一切工作，仅此而已。”每天一切行动都按照计划执行，铃木一朗常年保持这个习惯，从未有丝毫的动摇，因此他在赛场上才有如此稳定的发挥。

现役时期的铃木一朗一直保持着这样的习惯：他会比谁都认真地对待赛前热身，赛后回到家中，也会在餐前进行训练，并在晚餐后再次进行训练，这之后再进行两个小时的放松按摩。像这样对待每天的固定日程毫不疏忽的态度，也许就是他能成为世界著名选手的原因吧。

习惯会塑造出强大的大脑

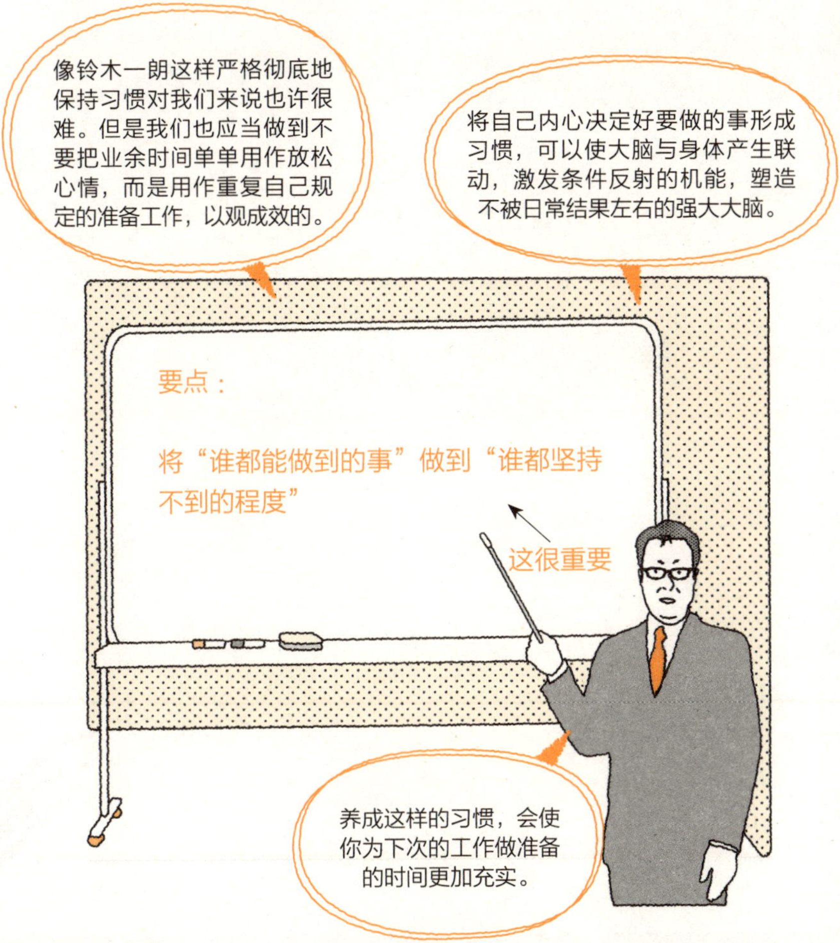
像铃木一朗这样严格彻底地保持习惯对我们来说也许很难。但是我们也应当做到不要把业余时间单单用作放松心情，而是用作重复自己规定的准备工作，以观成效的。
将自己内心决定好要做的事形成习惯，可以使大脑与身体产生联动，激发条件反射的机能，塑造不被日常结果左右的强大大脑。
要点：
将“谁都能做到的事”做到“谁都坚持不到的程度”
这很重要
养成这样的习惯，会使你为下次的工作做准备的时间更加充实。

自学笔记

自学笔记

习惯
养成笔记

第2章

从“找到自我”开始吧

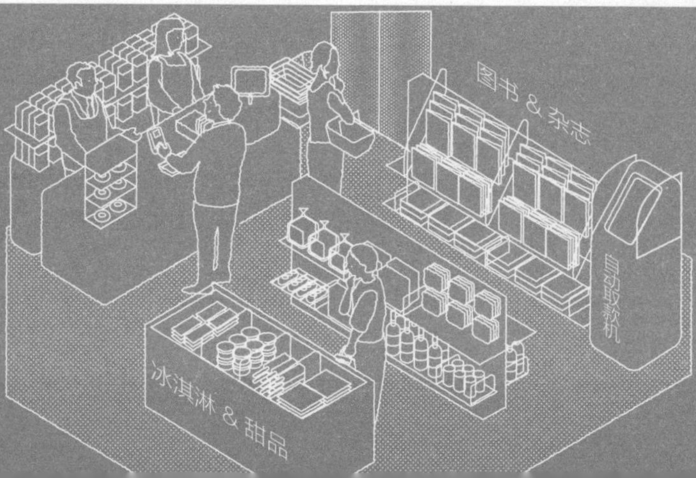
图书 & 杂志
自动取款机
冰淇淋 & 甜品

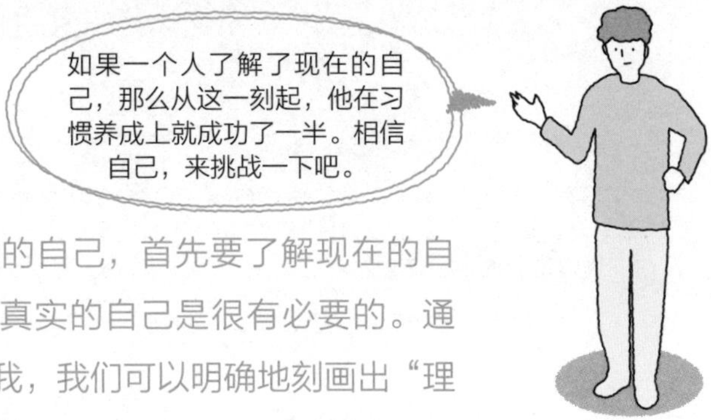
如果一个人了解了现在的自己，那么从这一刻起，他在习惯养成上就成功了一半。相信自己，来挑战一下吧。

为了成为理想中的自己，首先要了解现在的自己。为此，直面真实的自己是很有必要的。通过直面真实的自我，我们可以明确地刻画出“理想中的自己”的样子。

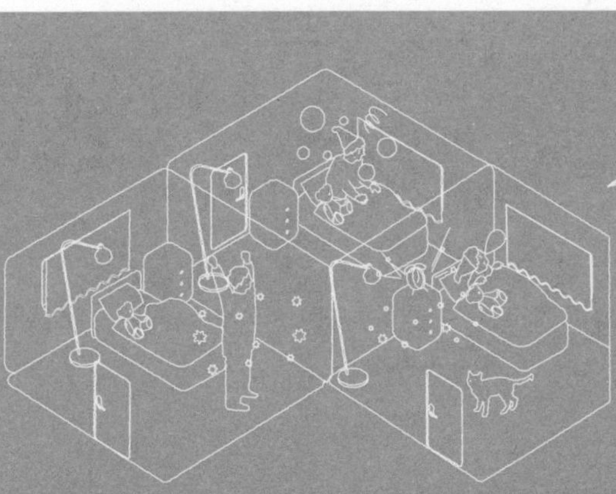

01 明确理想中的自己

为了保持习惯，要不囿于过去的记忆，在大脑里清晰地刻画出对未来的设想。

挫败感是养成习惯最大的敌人。所以，为了不让自己感到挫败而花心思、下功夫才显得尤为重要。不会感到挫败的秘诀之一就是“明确理想中的自己”。例如想要养成减肥的习惯，就不要单纯想着“我要瘦下来”，而是尽可能具体地设想“我通过瘦下来想成为怎样的自己”。如果对达成

具体地去设想“理想中的自己”

如果要养成学习英语的习惯，不要单单“想学会说英语”，而是尽可能具体地设想“通过掌握外语想成为怎样的自己”。
如果对达成目标时的场景有明确的设想，就能激起你的干劲。
想要在外资企业游刃有余地工作。
想要将来在海外创业。
想要尽情享受一个人的海外旅行。
通过明确地描绘出令人期待的设想，你可以享受每一天，而不容易感到挫败。

目标时的场景有明确的设想，就能激起你的干劲。

人类的大脑保有从出生以来至今的大部分记忆。其中，伴有负面情感的记忆尤为令人印象深刻，因此当你想将某种行为习惯化时，总会不由自主地想起“坚持不下去的、没用的自己”，被“这次肯定也不行”的想法拖后腿。为了对抗这种现象，只有用大脑来清晰地刻画对将来的设想。

“理想中的自己”，换言之就是“愿望”

“我一定要变成这样！”强化对目标的设想，能够使你不被过去失败和受挫的记忆牵着走，产生相信未来的自己的力量。
愿望越宏大，忍耐力就越强。
愿望的大小程度 = 忍耐力的强弱程度
在心中描绘理想中的自己时，大胆地去想象自己“理想的样子”是很重要的。
我要成为海贼王！！！
“现在的自己是这样的，就算改变也不过如此吧。”千万不要像这样限制梦想！明确理想中的自己，尽可能地使愿望膨胀，这就是不让自己感到挫败的秘诀。

02 明白现在的自己和理想中的自己的差距

为了实现“理想中的自己”这个目标，首先要清楚“现在的自己=目前所处的位置”。

在明确“理想中的自己”的同时，还有另一件事要做。那就是清楚“现在的自己=目前所处的位置”。如果不清楚自己目前状态如何、有怎样的缺点和不足之处，就不会知道为了达到目标要怎样做出何种努力。弄清楚自己目前所处的位置，也就是在了解“如何做出正确的努力”。认清自己目前所处的位置，也能对自己的“本性”窥见一斑。

认清自己目前所处位置的方法①……询问他人

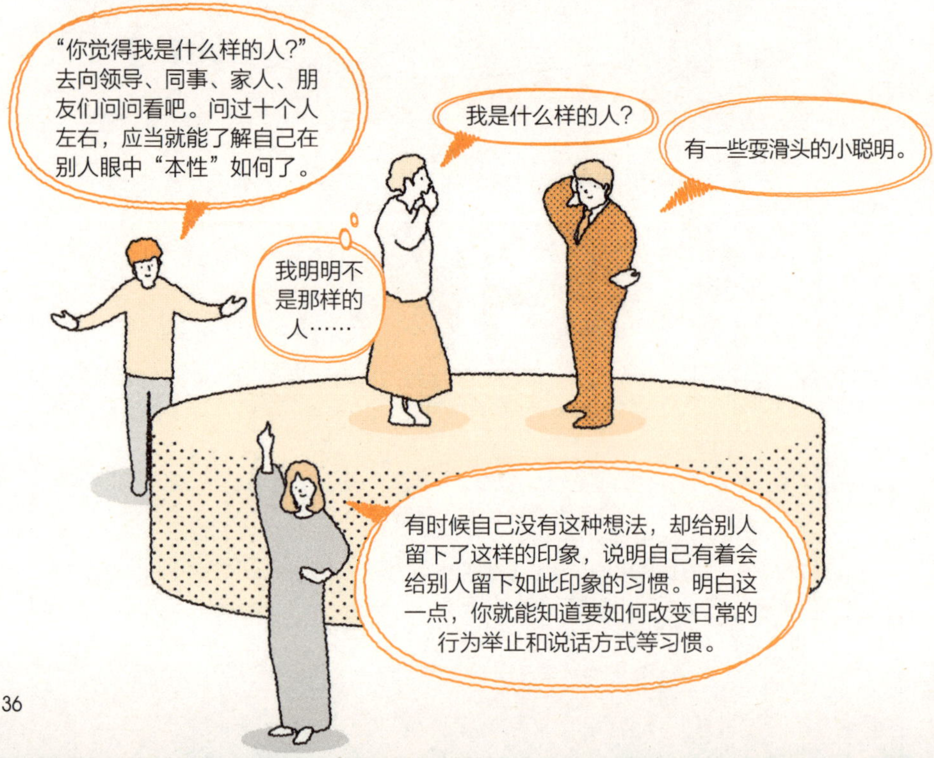
“你觉得我是什么样的人?”去向领导、同事、家人、朋友们问问看吧。问过十个人左右，应当就能了解自己在别人眼中“本性”如何了。
我是什么样的人?
有一些耍滑头的小聪明。
我明明不是那样的人……
有时候自己没有这种想法，却给别人留下了这样的印象，说明自己有着会给别人留下如此印象的习惯。明白这一点，你就能知道要如何改变日常的行为举止和说话方式等习惯。

通过了解自己目前所处的位置，也许有人会因为“原来我在别人眼里是这样的人吗”而感到失落。但这完全没有必要。因为从你了解了现在的自己这一刻起，你的自我改进就已经成功了一半。不清楚自己目前所处的位置，单凭一腔热血盲目前进，是不可能成功到达目的地的。明确“理想中的自己=目的地”，认清“现在的自己=目前所处位置”，这样的人才能向着正确的方向做出正确的努力，从而达成目标。

认清自己目前所处位置的方法②……进行自我盘点

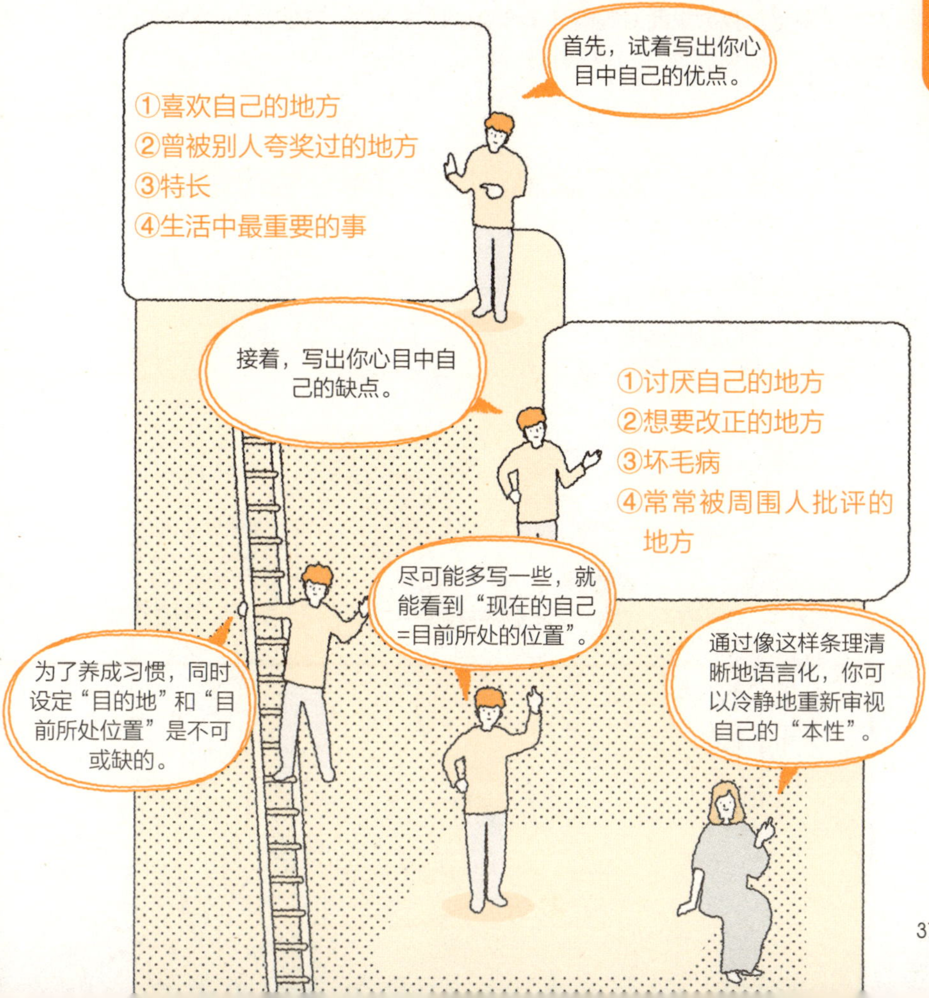
首先，试着写出你心目中自己的优点。
①喜欢自己的地方
②曾被别人夸奖过的地方
③特长
④生活中最重要的事
接着，写出你心目中自己的缺点。
①讨厌自己的地方
②想要改正的地方
③坏毛病
④常常被周围人批评的地方
尽可能多写一些，就能看到“现在的自己=目前所处的位置”。
为了养成习惯，同时设定“目的地”和“目前所处位置”是不可或缺的。
通过像这样条理清晰地语言化，你可以冷静地重新审视自己的“本性”。

03 思考“为了什么”“为了谁”

抱有某种目的而养成的习惯，更加容易坚持。如果目的是“为了谁”，更是能让人加倍努力。

没有目的的事一定不能长久。想要保持某个习惯，问问自己“为了什么”是很有必要的。倒也不一定非要是“为社会做贡献”这种崇高的目的。就算开始只是“为了满足自己的欲求”也完全没有问题。接下来，当你为了满足自我欲求而对眼前之事全身心地投入时，你的目的也会随之发生改变。

最初是“为了满足自己的欲求”也可以

最初是“为了满足自己的欲求”也没关系。但是，面对眼前之事一定要全心全意、专心致志。
我想要成为有钱人！
我想要当老板！
我想要住豪宅！
“为了×××”是坚持习惯的巨大原动力。

话虽如此，但是当目标较为远大或者要完成的事情较为困难时，单凭“为了自己”是无法坚持的。当目的是“为了谁”时，人们是能够加倍努力的。如果你只能找到“为了自己”的目的，那就试试努力提升视野吧。为了提升视野，推荐你试一试以“我是×××”的形式写下来。这将会成为你思考“为了周围的人我能做些什么?”的契机。

什么叫“提升视野”?

就像从高处远望能看到更广阔的世界一样，提升视野也能让你看得更远。
世界
日本
自己
行业、地区
家人
公司、学校
为了提升视野，推荐你以“我是×××”的形式写下来试试。
认识到自己属于某个特定组织，就会使人萌生为现在所在之处做些什么的想法。
我是男人
我是父亲
我是日本人
我是××公司的职员
我是东京市民
目标至少要20个，请把你能想到的都写出来吧。

04 用“借口清单”来直面自我

借口是阻碍习惯养成的“恶魔的耳语”。但是，如果你能直面这“恶魔的耳语”，就一定不会白费功夫。

培养新的习惯大约需要2周时间，开始你会觉得：“差不多已经形成习惯了吧？”在这个时候，就会有一些疑问掠过你的脑海：“即使这样做了又能怎样呢？”“工作这么忙，还是休息一下比较好吧？”由过去的习惯积累塑造出的你的本性，会化作“恶魔的耳语”来试探你。但是，如果你能直面这“恶魔的耳语”，就一定不会白费功夫。侧耳倾听这“耳语”，能让你清楚自己迄今为止度过了怎样的人生。

倾听“恶魔的耳语”是了解自己本性的契机

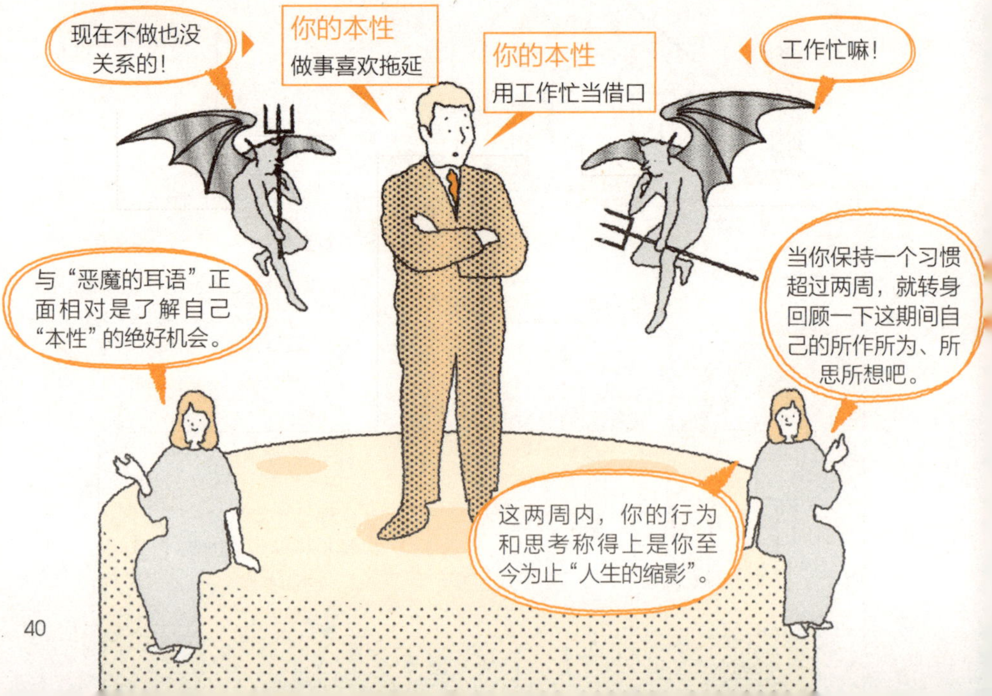
现在不做也没关系的！
你的本性
做事喜欢拖延
你的本性
用工作忙当借口
工作忙嘛！
与“恶魔的耳语”正面相对是了解自己“本性”的绝好机会。
当你保持一个习惯超过两周，就转身回顾一下这期间自己的所作所为、所思所想吧。
这两周内，你的行为和思考称得上是你至今为止“人生的缩影”。

同“恶魔的耳语”一样，找借口也会为习惯养成带来半途而废的风险。“今天太冷了，就不跑步了吧”，应当有许多人都用过诸如此类的借口来中断习惯。话虽如此，但是只要是人，都会忍不住想找借口。因此，我们不能说“不要找借口”。那么作为代替，让我们来做一个“借口清单”吧。通过制作这个清单，我们能够每天都清晰地认识到自己的借口，从而切实减少“找借口”这个失败之源。

通过“借口清单”减少找借口的行为

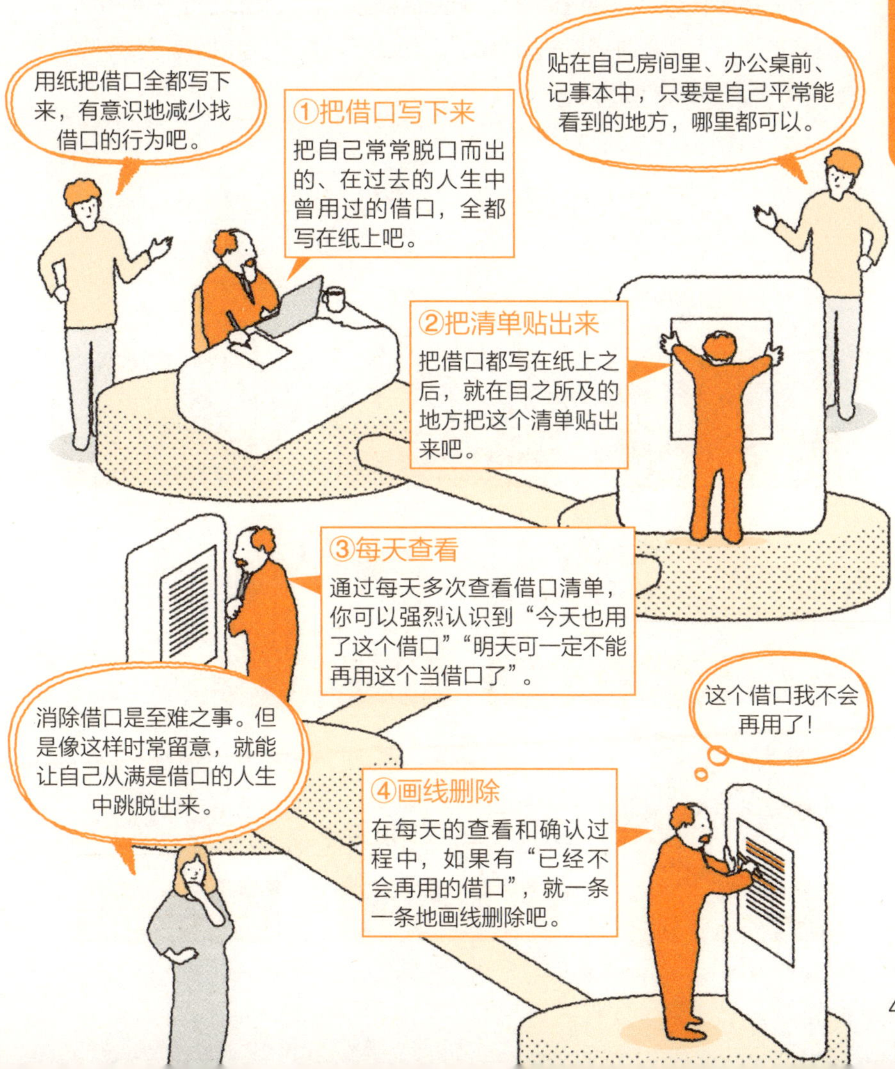
用纸把借口全都写下来，有意识地减少找借口的行为吧。
①把借口写下来
把自己常常脱口而出的、在过去的人生中曾用过的借口，全都写在纸上吧。
贴在自己房间里、办公桌前、记事本中，只要是自己平常能看到的地方，哪里都可以。
②把清单贴出来
把借口都写在纸上之后，就在目之所及的地方把这个清单贴出来吧。
③每天查看
通过每天多次查看借口清单，你可以强烈认识到“今天也用了这个借口”“明天可一定不能再用这个当借口了”。
这个借口我不会再用了！
消除借口是至难之事。但是像这样时常留意，就能让自己从满是借口的人生中跳脱出来。
④画线删除
在每天的查看和确认过程中，如果有“已经不会再用的借口”，就一条一条地画线删除吧。

05 人们在人生终结时会后悔的20件事

为了人生无悔，就要相信自己、不断挑战，这比什么都重要。

过去在美国，曾有人以80岁以上的人为对象，做过关于“你人生中最后悔的事是什么?”的问卷调查。调查结果显示，70%以上的人都做出了同样的回答。那就是“没有去挑战”。为了不后悔，只有相信“我能做到”，并且坚持不懈地发起挑战。

人们在人生终结时会后悔的20件事

①如果没有那么在意他人的看法就好了
②应该更加珍视幸福生活的
③应当为他人更尽一份力的
④不该那么犹豫踌躇的
⑤要是多陪伴家人就好了
⑥与人交流时应该更温和一些的
⑦不该像那样终日惴惴不安的
⑧要是时间能再多一点……

读这本书的人想必大多都还没到80岁，但无论是谁，都终将走向生命的终点。我想要度过在那时可以说出“我什么都不后悔”的人生。从做出“勇气的投资”的一瞬间起，人生就将开始发生巨大改变。你也来用自己的手，改变自己的人生吧。

⑨要是更加大胆地去冒险就好了

⑩要是珍爱自己就好了

⑪比起听别人的，更应该相信自己的直觉

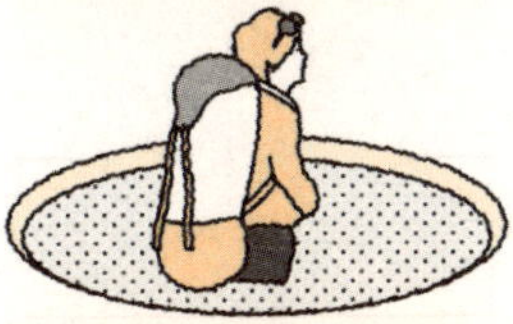

⑫应该多花点时间去旅行的

⑬要是多谈一些恋爱就好了

⑭要是更加珍惜每分每秒就好了

⑮应该多逗孩子开心的

⑯不该做那么多无谓的争论

⑰应当遵从自己的热情

⑱要是为了自己多努把力就好了

⑲应当更多地说出自己的真心话

⑳要是多达成一些目标就好了

自学笔记

自学笔记

习惯
养成笔记

第3章

实践！无论是谁都能立刻做到的习惯养成术

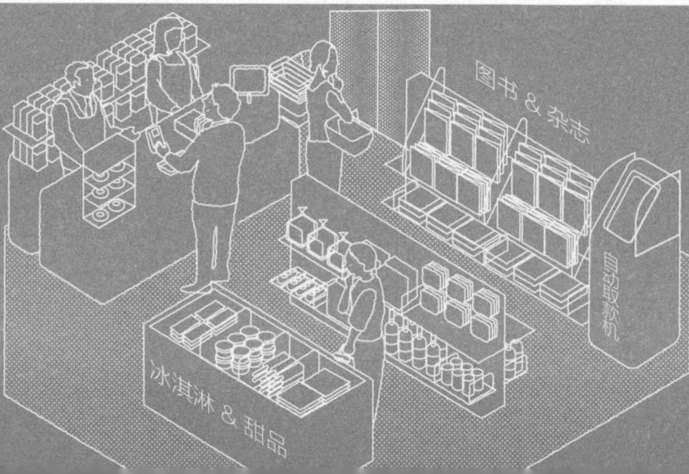
图书 & 杂志
自动取款机
冰淇淋 & 甜品

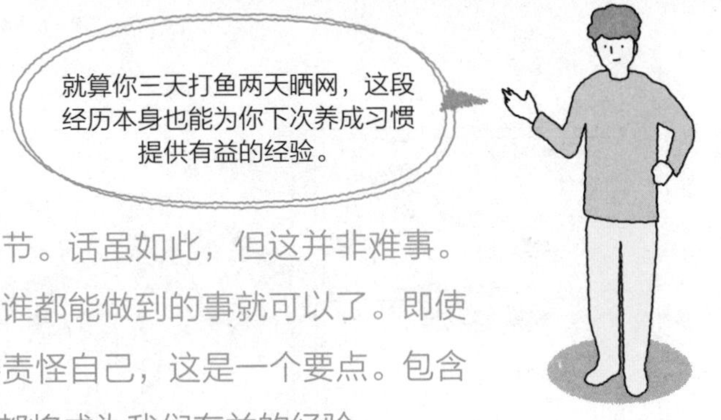
就算你三天打鱼两天晒网，这段经历本身也能为你下次养成习惯提供有益的经验。

终于到了实践环节。话虽如此，但这并非难事。只要先去做一些谁都能做到的事就可以了。即使不能坚持也不要责怪自己，这是一个要点。包含挫折在内的一切都将成为我们有益的经验。

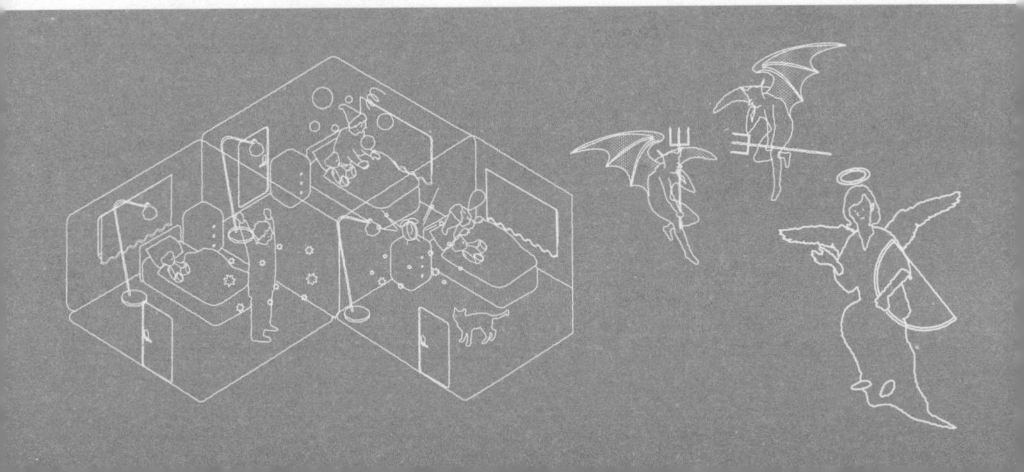

01 从无论是谁都能做到的事情开始

想要改变人生，就先从日常一些小习惯的积累开始吧。

我想要通过习惯改变人生。如果你有这种想法，就先从“小习惯”开始吧。虽说想要改变自己，但也不能一上来就要干大事。改变人生不是一瞬间的事，而是日常小习惯积累的结果。这将成为你的本性，为你这个人本身带来改变。

“小习惯”的例子

早起
写日记
把脱下来的鞋子摆整齐
先从这样的小习惯开始吧。
早上好！
工作场合主动向人打招呼
在通勤时间看书
要点是“把无论是谁都能做到的事，做到谁都坚持不到的程度”。

这里比起“要坚持什么”，更重要的是取得“遵守了和自己的约定”这样的实际成果。我们人类的大脑会使情感受到过去经历的影响。因此只要你留下成功坚持了任何一件事的记忆，在做别的事情时就会认为“我做得到”，从而感到兴致满满并且享受这个过程。即使是一件件微不足道的小事，坚持下去也能发挥巨大的力量。接着，当你回过神来，人生就已经发生了巨大的改变。“小习惯”就是这一切的开端。

某个公司的事例

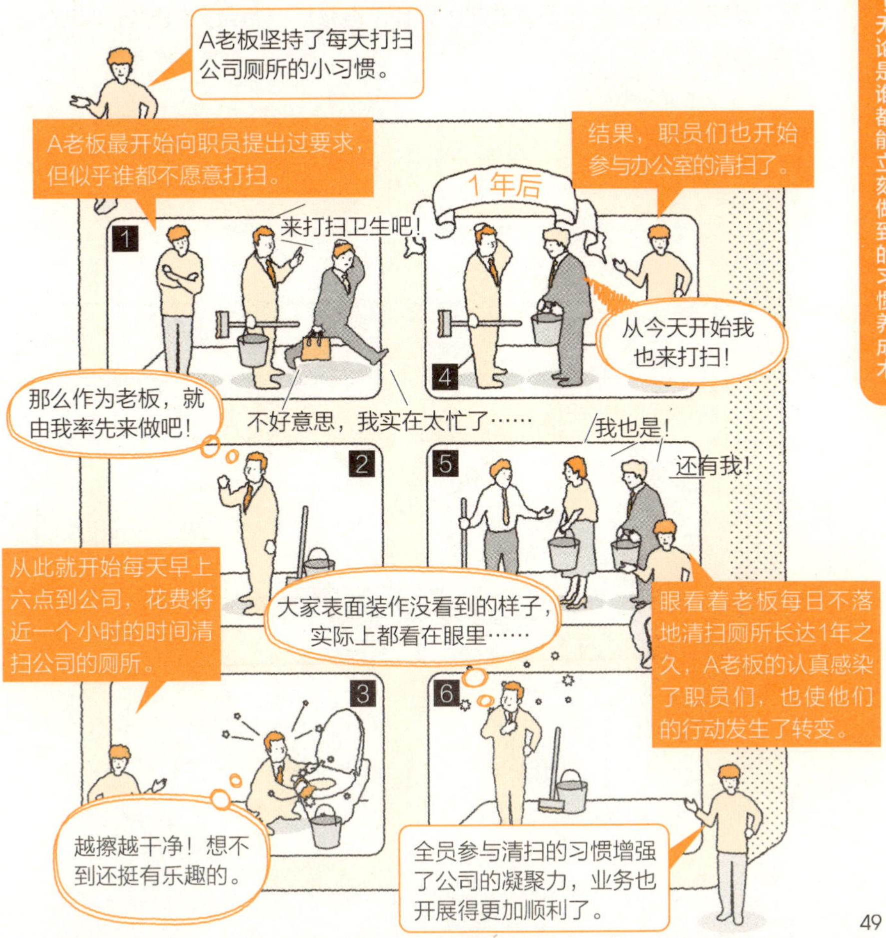

A老板坚持了每天打扫公司厕所的小习惯。
A老板最开始向职员提出过要求，但似乎谁都不愿意打扫。
1
来打扫卫生吧！
不好意思，我实在太忙了……
那么作为老板，就由我率先来做吧！
2
从此就开始每天早上六点到公司，花费将近一个小时的时间清扫公司的厕所。
大家表面装作没看到的样子，实际上都看在眼里……
3
越擦越干净！想不到还挺有乐趣的。
1年后
结果，职员们也开始参与办公室的清扫了。
4
从今天开始我也来打扫！
5
我也是！
还有我！
眼看着老板每日不落地清扫厕所长达1年之久，A老板的认真感染了职员们，也使他们的行动发生了转变。
6
全员参与清扫的习惯增强了公司的凝聚力，业务也开展得更加顺利了。

02 “先做做看”是很有价值的

放松心情先做做看，能够让你了解“自己的本性=至今为止养成的癖性”。

就算是“小习惯”，如果从一开始就对自己说“一定要坚持！”，向自己施加压力，那么反而会容易半途而废。这是因为我们的大脑积攒了过去的记忆，认为“坚持是艰难痛苦的”。所以，我们要做的，不是“坚持”，而是“开始”。在这种思考方式之下，你就能够以“暂且先做做看”的心情从起点出发。

比起“坚持”，考虑“开始”做某件事更容易

大脑将“坚持”判断为艰难痛苦的事，使其成为一种压力，最终很有可能导致坚持中断……
×要坚持！
○要开始！
是否很多人都能从“开始”这个词语中感受到“莫名的期待”呢？

说到底，“小习惯”的价值比起坚持，原本就更先体现在“先做做试试”上。无论是多么微不足道的事情，尝试遵守和自己的约定，能够使你发现自己身上至今未曾注意到的“本性”。也许你开始的一周都坚持得很好，到了第二周就变得敷衍了事；也许你从第一天起就感到挫败。无论如何，通过“先做做试试”，你都能对过去自己的处世姿态有一些了解。

通过“先做做试试”直面过去的自我

例如当你决定“早起”时……
像这样先做做试试能够让你了解自己的“本性”。
开始的一周坚持得很好，但第二周起就松懈了……
竟然好好坚持下来了……
从第一天起就失败了……
单单是意识到这件事本身就具有很大的价值。
大部分人都没有意识到自己的“本性”。
自己在无意识的情况下是如何思考、如何行动的呢？
因此他们一边想着“不能再这样下去了”，一边却又不知如何是好，最终就这样走完了一生。

03 “必须做”是失败的根源

为了愉快地坚持习惯，让我们坦率地面对“想做”的情绪和兴致勃勃的心情吧。

如果不想在养成习惯的过程中感受到挫败，就请你一定要重视“想做”的情绪和“不想做”的情绪。如果是“想做”的事，大脑就会感到快乐，从而使你愉快地坚持下去。如果是“不想做”的事，大脑就会因为厌烦而想要回避。因此，我们只要坦率地面对自己“喜欢和厌恶”的情绪，把想做的事坚持下去就可以了。

不要使用“必须”这个词语

必须要减肥！
必须要跑步！
当口中说出“必须”这个词语的一瞬间，大脑就会接收到负面的情绪，人就会产生负担感和压力。
这样做的结果，就是会使期待感化为乌有……
必须要学习！
你应当做的是努力享受做正确的事的过程。这一点要时刻牢记。

我们总是在不知不觉间就会被“必须做”的想法禁锢。而这正是挫败感的源头。越是觉得“必须做”，越是会使人感到有压力，从而下意识地想要排解。而大脑为了躲避压力，就会发出“快去满足欲望”的信号。这样一来就会发生像“今天就算了吧”这样的情况。为了坚持习惯，当你拥有“想做这件事”这种能让你感到充满兴致的想法时，请一定要珍惜。

珍惜能让你感到充满兴致的想法

像这样把注意力集中在“想做某事”上，大脑就会为了实现目标而采取相应的行动。
减肥之后想要穿喜欢的名牌连衣裙！
减肥之后想要穿比基尼去海边和泳池！
就是说，如果明确了“理想中的自己”，那么就算不特意想着“必须戒掉甜食”，你也会自动避开这类阻碍减肥的行为。
想要说“必须做”的时候，换成下边的说法就可以了。
必须做……
我之前就想做……
我要做……
交给我吧！
先把自己经常使用的句式换成“我之前就想做……”，为大脑养成认为“未来似乎很快乐”的思考习惯。

04 不要追求完美

我们人类可以说是一种很脆弱的生物。因此，从一开始就追求完美会让你感到挫败。

导致习惯养成受到挫败的一大原因就是“力求完美”。如果你想要把某种行为形成习惯，就先降低难度吧。我们人类可以说是一种很脆弱的生物。因此无论怎样，我们都无法避免会有没有干劲的时候。这种时候如果你抱着“做一次仰卧起坐就好”“答一道题就好”的想法，就能够产生“我能坚持”的自我肯定感。比起思考要坚持什么事，还是先去达成一些坚持

总之要先降低难度

养成习惯的要点，
是先降低难度。
实在没什么可写时，
只写一行也可以。
不行
很好
如果要写日记……
一定要每天都认真写一整页……
今天没什么可写的……
写好了！
想要养成习惯，就把难度设定得低一些，以任何形式达成“坚持了某件事”的实绩都可以。
不行
如果要跑步……
一定要每天都跑1千米！
很好
今天穿着运动鞋出门了，这就够了吧……

了某件事的实绩吧。

要做到享受养成习惯这件事，有一个窍门，就是把它当成玩游戏。不要当成是去做决定好的事，而是试着当成游戏通关，这样会使坚持这件事变得更有趣。例如，当你决定“每天走8000步”时，就使用计步器，在一天结束之前查看计步器，能够体会到和游戏通关一样的成就感。如果你更进一步，采取在日历上盖章之类的方式，把完成度可视化，还能够体验到像成功升级了一样的心情。像这样把习惯养成当成玩游戏，也能提高你的积极性。

把习惯养成当成玩游戏来调动积极性

▶例如当你决定每天走8000步时……

哦！
今天比目标多走了将近2000步！
用计步器将目标数值化，将完成度转化为眼睛能看到的东西，也能提高你的干劲。
通过在年历上盖章之类的行为，将完成的天数可视化，更有利于长期调动你的积极性。
8月，2021
9月，2021
10月，2021
500
在第100天写上“100”，第500天写上“500”，像这样把完成的天数写在日历上也可以。

05 建立坚持机制

要想坚持某个习惯，设立一个令你自然而然就会去做的机制，会很有效。

在坚持习惯之上，更重要的是设立机制。对于养成习惯来说，虽然“我要做这件事”的一腔热血很重要，但只凭强烈的意志和毅力来坚持，并不是长久之计。但是，如果你设立自然而然就会去做的机制，那么不用勉强自己也能形成习惯。设立机制的方法之一就是把别人卷进来。向别人宣布“我要做这件事”，或者把对别人做出的某种行为变成习惯，这样你就一定能坚持下去。

把别人卷进来

明天开始我要每天5点起床！
①向某个人做出宣告。
接下来的100天我要每天给你写信！
一个人默默坚持很难，但如果拥有和别人的约定或回应，坚持就会变得容易一些。
喵
喵
②把对别人做出的某种行为变成习惯。

还有一个方法，就是设定时间和场所。当你只是决定了要每天做某件事，难免就会发生“今天太忙了没时间”“一不小心忘了”这样的情况。但如果设定了“何时，在何处”，就能把相应的行为切实融入你的日常生活中去。先去试试各种各样的场所和时间，来找到最适合你自己的场景吧。

设定“何时，在何处”

例如要养成读书的习惯时，就有很多场景可以考虑。
午休时，吃完饭之后。
起床后，在家里的书桌前。
回家后，在家里的书桌前。
睡前，在床上。
人各有异，易于坚持的场景也各有不同，让我们先多试试看，来找找对你自己来说最容易坚持的“何时，在何处”吧。
通勤时，在电车上。

06 关注习惯的“上一件事”

为了能把决定要养成的习惯坚持下去，就要关注这个习惯的“上一件事”，这是很重要的。

不能坚持习惯的人有一个共同点，那就是没有意识到习惯的“上一件事”。就拿“早上5点起床”的习惯来说吧。大部分人都只做好了要坚持早起的决定，实际上却忘记了这个习惯的上一件事——“要几点睡觉”。如果你熬夜熬到很晚，或是晚上喝了一场又一场的酒，那么你第二天是不可能做到5点就起床的。

事先决定习惯的“上一件事”

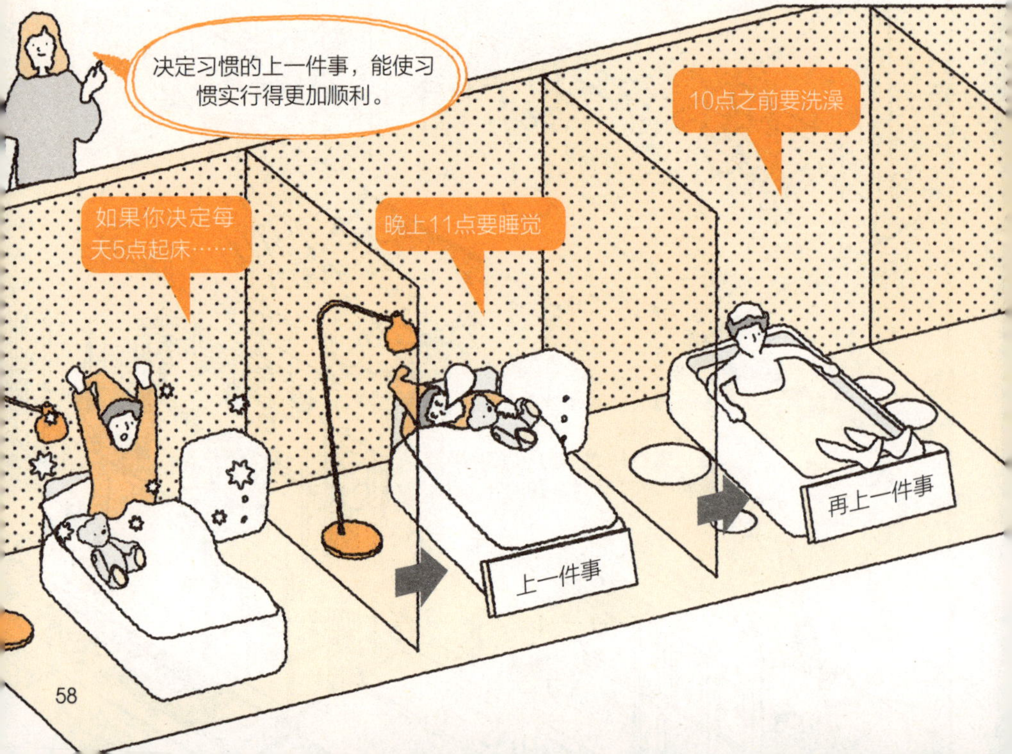
决定习惯的上一件事，能使习惯实行得更加顺利。
10点之前要洗澡
如果你决定每天5点起床……
晚上11点要睡觉
上一件事
再上一件事

如果你决定了每天早上5点起床，那就有必要也决定“晚上11点睡觉”之类的睡觉时间。这就是习惯的“上一件事”。要养成晨跑的习惯，就在枕边准备好运动服再睡觉，要养成在通勤路上学习英语的习惯，就事先把讲义放进包里。像这样决定习惯的上一件事，你接下来的习惯也能更顺利地实行。

想要养成早起的习惯，就先决定“几点睡觉”吧。
尽量不要加班到7点之后
8点半之前要回家
9点半之前要吃完晚饭
再上一件事
再上一件事
再上一件事
事先决定习惯的上一件事，像每天5点起床这样的习惯，你也能轻而易举地坚持下去。

07 认真对待“理所当然的事”

常常注意行为得体，会使你无论做什么都能下意识地变得举止得当、彬彬有礼。

就算是被称为好习惯的事，如果敷衍了事地去做，那么这个人的“本性”也会变得马虎随便。例如在职场上跟人打招呼时，要先在对方的面前停住脚步，注视着对方的眼睛，再说“你好”。积累像这样得体的行为，会使你的人格和品性也渗透出礼貌得体的气质。这样一来，当你在做别的事情时，也会下意识地变得举止得当、彬彬有礼。

提高习惯的质量，也会提高你的水平

在社会中生存，跟人打招呼是理所当然的事。但是，又有多少人能认真做好这些理所当然的事呢？
我是领导，打招呼的事应该下属主动才是。
我更年长，打招呼的事应该对方主动才是。
当你这样想的时候，就说明认真跟别人打招呼这件事没有成为你的习惯。
面对理所当然的事是否采取认真的态度来做，反映了你的“本性”。

关键词 → ☑ 记录下成长的真实感受

08 记录做过的事

围绕习惯把每天发生的事记录下来，能够使你切实感受到自己的成长，回顾起每一天都变得更有趣。

在习惯养成的过程中，和成就感同样重要的就是获得成长的踏实感。在形成习惯上，坚持本身就称得上是一种成长。例如当你每天把做过的事记录下来，进行确认或者回顾时，就会获得成长的踏实感。在一天即将结束时写日记也很有效。日记的内容无论是什么都可以。像这样连续记录几周，你应当就能感受到自己是在不断成长的。坚持记录下成长的真实感受，回顾每一天就会变得有趣起来。

划分期限也是一种方法

和“降低难度”一样，“划分期限”也是坚持习惯的一个有效技巧。但是，你一定要按照决定好的期限来完成。
接下来的3个月要完成！
决定了一次，是不是一辈子都要坚持啊？有没有点信心呢……
即使是决定“坚持90天”，也能达到养成习惯的效果。在这期间，如果通过记日记来进行回顾，就能切实获得成长的踏实感。

09 偶尔从形式入手也是很有效的

在习惯养成的过程中，从形式入手，你就能够提高兴致，也能够使“接近反应”得到强化。

说到从形式入手，也许会让一些人留下些许态度不端正的印象。但在习惯养成的过程中，偶尔从形式入手也是很有效的。例如当你决定要每天跑步时，如果能准备好喜欢的运动服和鞋子，就会有一种“好，干吧！”的心情。当你决定把读书培养成兴趣时，如果将来能实现买高级的书衣，也许就能在每一天都更加期待拿起书这件事。

通过“从形式入手”提高兴致

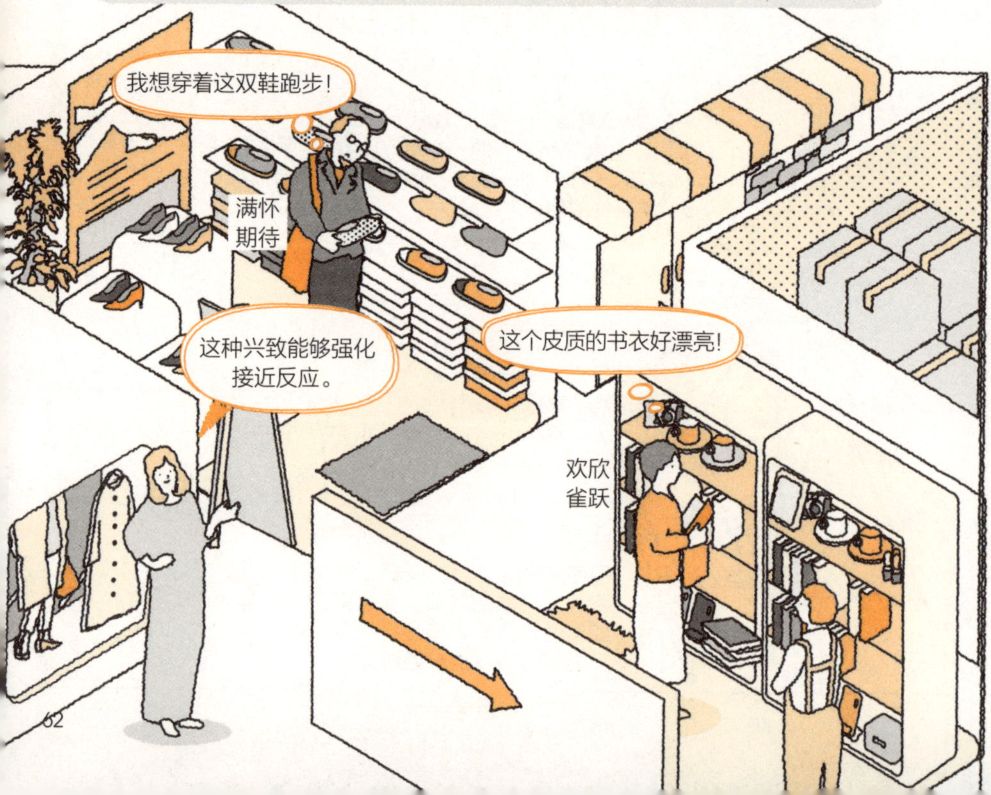
我想穿着这双鞋跑步！
满怀期待
这种兴致能够强化接近反应。
这个皮质的书衣好漂亮！
欢欣雀跃

从形式入手还能取得另一个效果，那就是既然我们已经为养成习惯进行了“投资”，就会产生一种“必须赚回本金”的感觉。但是，如果这种“投资”成本过高，反而可能会成为内心的负担，这一点有必要引起我们的注意。从普遍印象上来说，比起令人感到有压力，兴致勃勃的情绪也会让你更接近胜利，因此你大可从形式入手来进行投资。

“从形式入手”的5个方法

①购买心仪的道具
准备好笔、笔记本等心仪的道具，可以提高你的兴致。
⑤去图书馆和自习室
被别人关注会使人进入“必须做”的状态，从而能够集中注意力去学习。
“从形式入手”的方法不仅仅只有买东西。
②整理书桌
学习之前整理书桌，能够适度刺激大脑，提升你的干劲。
例如想要将学习养成习惯时也有②和⑤这样的方法。
④参加研讨会或考试等
投资收费的研讨会能使你产生“必须赚回本金”的感觉。而报名参加资格考试能给自己带来一些适度的压力。
③购买教材
采取购买教材等有意识地接近有必要做的事的行为也很有效。

10 坚持不下去也不要责怪自己

习惯没能坚持下去也没有必要沮丧。因为即便是三天打鱼两天晒网的经验，也能成为你下一次成功养成习惯的踏板。

如果习惯没能坚持下去，你也不必责怪自己。在一次养成习惯的过程中受到挫折了，继续设立下一个习惯就好。而且才开始就受挫失败的经验本身也十分宝贵。以此为基础开始的新习惯如果能得到坚持，那么上一次的挫折就不算失败。包含受挫在内，一切都是很好的经验。

三天打鱼两天晒网也是珍贵的经验

三天打鱼两天晒网也没关系，再来一次就行，如果你能这样想，那么无论何时都能开始培养习惯。
下次要怎么做才能坚持下去呢？
为什么没能坚持下去呢？
对这些问题进行分析，这种行为本身就能为你下一次坚持习惯提供有力的支持。
如果说存在失败的时刻，那就是当你决定不再挑战的时刻！

即便是三天打鱼两天晒网，你也会对同一个习惯产生再试试看的念头。当然，如果能不停歇地连续挑战是最好，但即使做一做歇一歇，比起什么都不做也是在进步。如果能获得坚持了“三天”的实绩，更是能为你增加“我只要做就能做到”的自信。三天打鱼两天晒网的经历能在你心中留下习惯养成的转换开关。因此不要害怕自己会半途而废，尽管向新的习惯发起挑战吧。

多重来几次就不会有“失败”

①获得坚持了“三天”的实绩会为你增加自信。

即使是三天打鱼两天晒网，如果能取得哪怕些许实绩，都能让你感受到“我只要做就能做成”，为你增加自信。
那么如果能坚持一个月，应该能减掉3千克！
上次减肥时用三天瘦了1千克。
②如果受到挫败，就去开始下一个习惯。
只是不适合我而已。
接下来要挑战一下养成别的习惯！
只要不懈挑战，失败全部都能成为“有益经验”。
如果习惯不能坚持，那就当作“只是不适合自己而已”吧。要相信，换作其他习惯，自己是很有可能能够成功坚持下去的。

11 偶尔歇口气和适当奖励自己也很重要

前文已经说过，在习惯养成方面，要求完美和必须做，都是不行的。如果遇到困难，就毫不犹豫地降低难度吧。

如果你要把一些花费时间较多的事情形成习惯，每天都做也许会很困难。再说只要是人，谁都会有感到疲惫或情绪低落的时候。这种时候就可以歇口气，“一周休息一次也好”“五天有一次做到一半也可以”，像这样提前设想到自己会难以坚持的时刻，设定好自己的规则，就能减少半途受挫的情况。

不要强逼自己，以坚持为优先

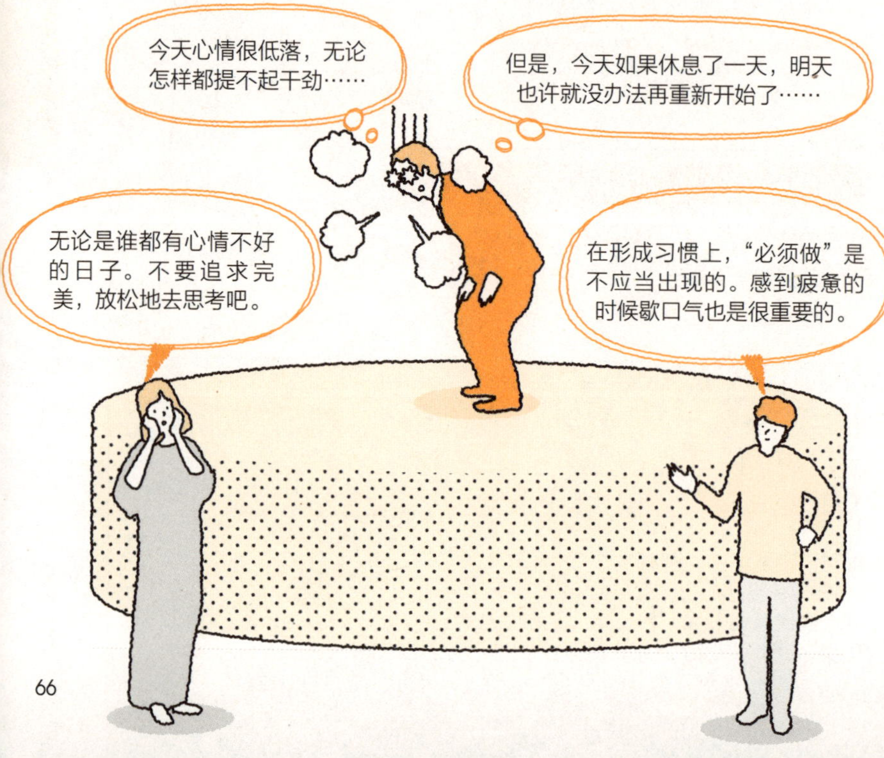

今天心情很低落，无论怎样都提不起干劲……
但是，今天如果休息了一天，明天也许就没办法再重新开始了……
无论是谁都有心情不好的日子。不要追求完美，放松地去思考吧。
在形成习惯上，“必须做”是不应当出现的。感到疲惫的时候歇口气也是很重要的。

虽然是老生常谈了，但“奖励自己”对保持动力也是很有效的。你可以用划分期限的方式来进行，像是规定自己如果能坚持十天，那么就可以去吃一顿比平时稍贵的大餐；也可以是小的奖励，像是能坚持一次，就可以去喝一杯咖啡。或者是把习惯积分化，积分越多你就越能获得更大的奖励，这样的设计也会很有趣。

设定奖励的窍门

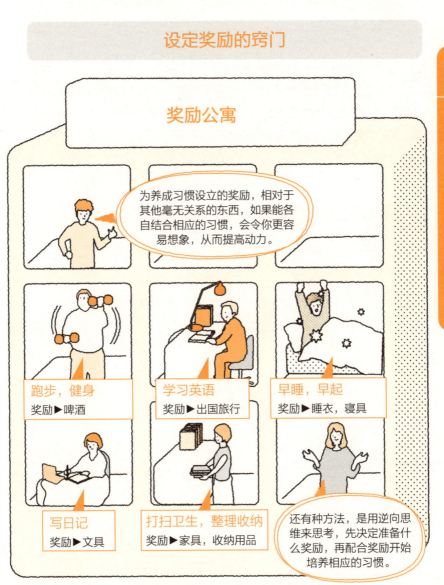

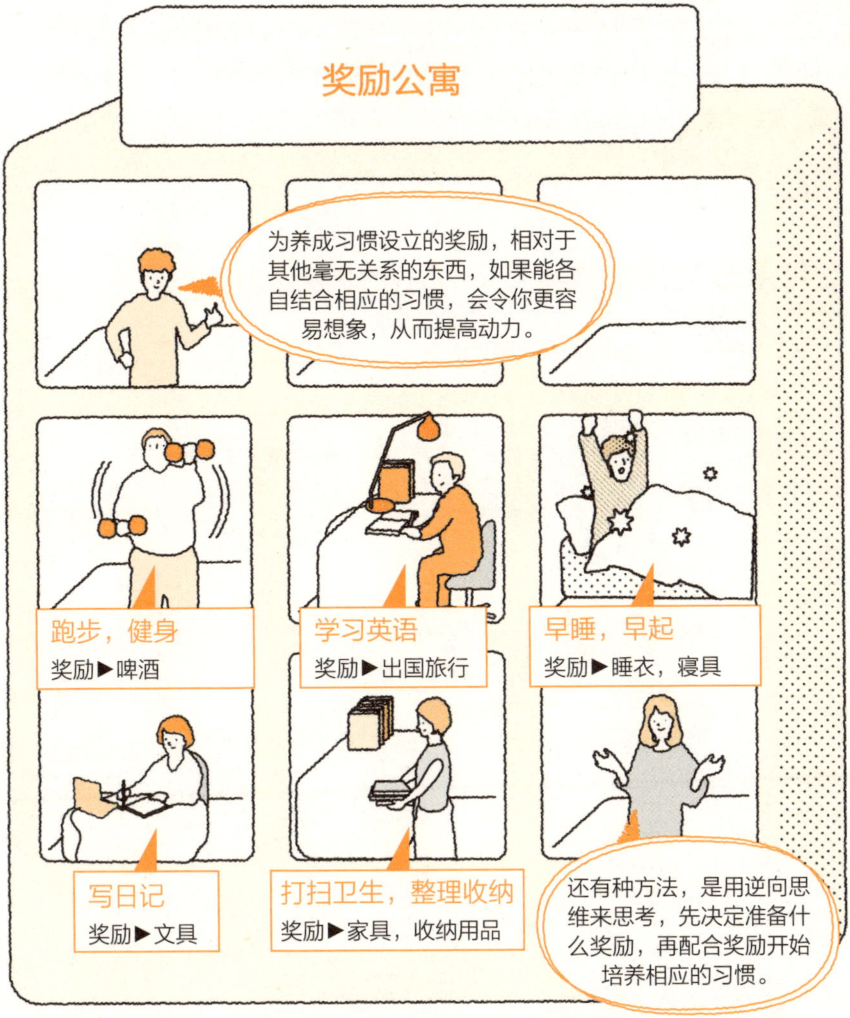
奖励公寓
为养成习惯设立的奖励，相对于其他毫无关系的东西，如果能各自结合相应的习惯，会令你更容易想象，从而提高动力。
跑步，健身
奖励▶啤酒
学习英语
奖励▶出国旅行
早睡，早起
奖励▶睡衣，寝具
写日记
奖励▶文具
打扫卫生，整理收纳
奖励▶家具，收纳用品
还有种方法，是用逆向思维来思考，先决定准备什么奖励，再配合奖励开始培养相应的习惯。

12 孜孜不倦是最好的捷径

所谓习惯，原本就不是立刻能看到成果的东西。即便如此，只要你坚持下去，就毫无疑问会更接近理想中的自己。

习惯保持的时间，和你自己的成长程度，是不一定完全一致的。刚开始时也会存在不断重复却感受不到成长的时期。还有可能遇到刚开始的一段时间里得心应手，中途却觉得成长停滞了的时期。这种时候“恶魔的耳语”就会找上门来。如果你在这里真的停下了，那么你的成长也会完全停止。

不到成功的临界点就无法切实感受到自己的成长

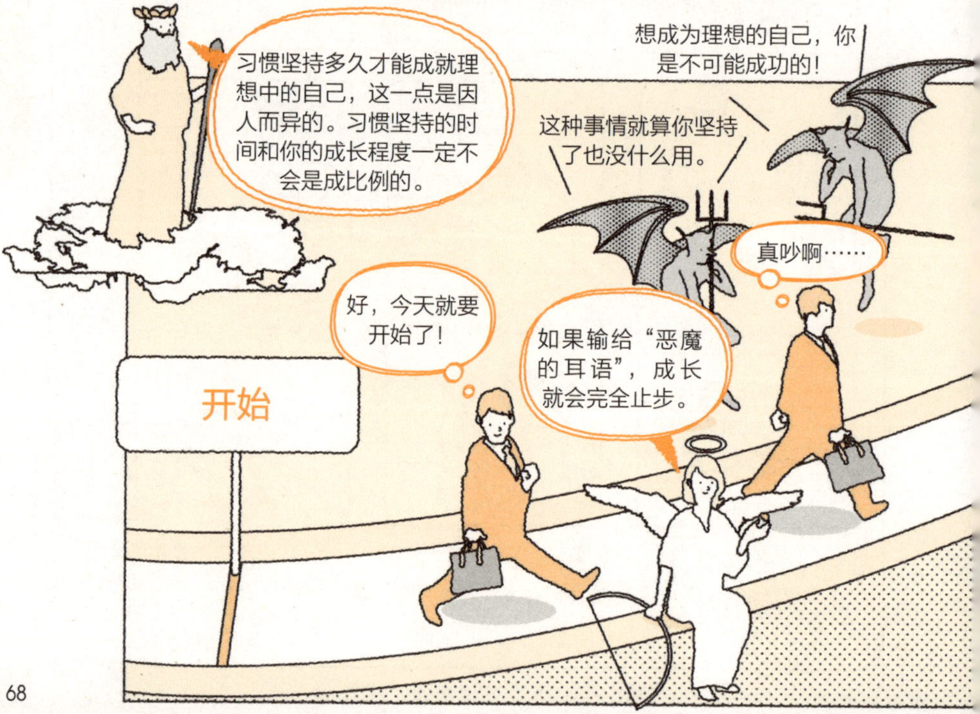

习惯坚持多久才能成就理想中的自己，这一点是因人而异的。习惯坚持的时间和你的成长程度一定不会是成比例的。
想成为理想的自己，你是不可能成功的！
这种事情就算你坚持了也没什么用。
真吵啊……
好，今天就要开始了！
如果输给“恶魔的耳语”，成长就会完全止步。
开始

但是，如果明确目的，知道自己是为了什么而努力，想着要通过自己的成功使某个人开心，你就能坚持自己的成长，完成挑战。这就是“成功的临界点”。只要能越过这个临界点，那么你距离感受到自己在接近理想中的自我，或是已经成为理想中的自我就不再遥远了。在“成功临界点”来临之前，相信习惯的力量，不懈地努力，是通向成长最好的捷径。

越过成功临界点，你就会在某个时刻突然获得“我在成长！”的真实感。
接着，就会像一下子过了个急转弯一样，开始能切实感受到成长。
不知不觉间已经来到这么高的地方了啊……
这么坚持下去好像也没什么意义……就算了吧……
成功临界点
在你到达成功临界点的瞬间之前，无法切实感受到自己的成长的时期都在持续。而只有那些在这种情况下仍然坚持努力的人，才能够成为理想中的自己。

13 保持先做决定再行动的习惯

在开始培养习惯的阶段，比起做大事，积累成功的小经验更加重要。

在培养习惯的过程中，要注意“数量”而不是“质量”。在开始培养习惯时，人们总是会不由自主地倾向于想做“大事”，想做得完美，但实际上比这更重要的是成功的体验。“我遵守了和自己的约定”，像这样的成功体验的数量，能让你认定自己是下决心就能做到，只要做就能成的人。

决断力在很大程度上会左右你的人生

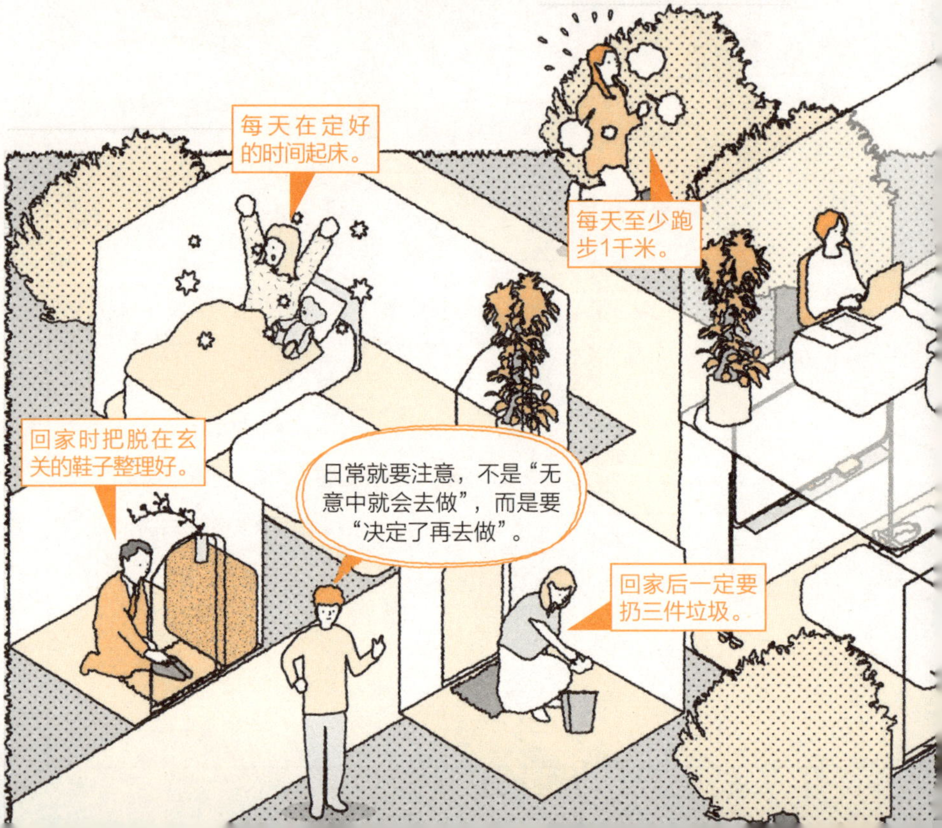
每天在定好的时间起床。
每天至少跑步1千米。
回家时把脱在玄关的鞋子整理好。
日常就要注意，不是“无意中就会去做”，而是要“决定了再去做”。
回家后一定要扔三件垃圾。

我们不需要做什么了不起的事。“在规定的时间起床”“吃饭时定好食量”，等等，在这样细微的小事上试一试决定好再去做吧。做到决定好的事，这个“做到”会在大脑中作为成功的体验成为你的记忆，这样的记忆积累起来，就形成了我们这个人本身。让我们从有意识地先做决定再行动，养成决断的习惯开始吧。

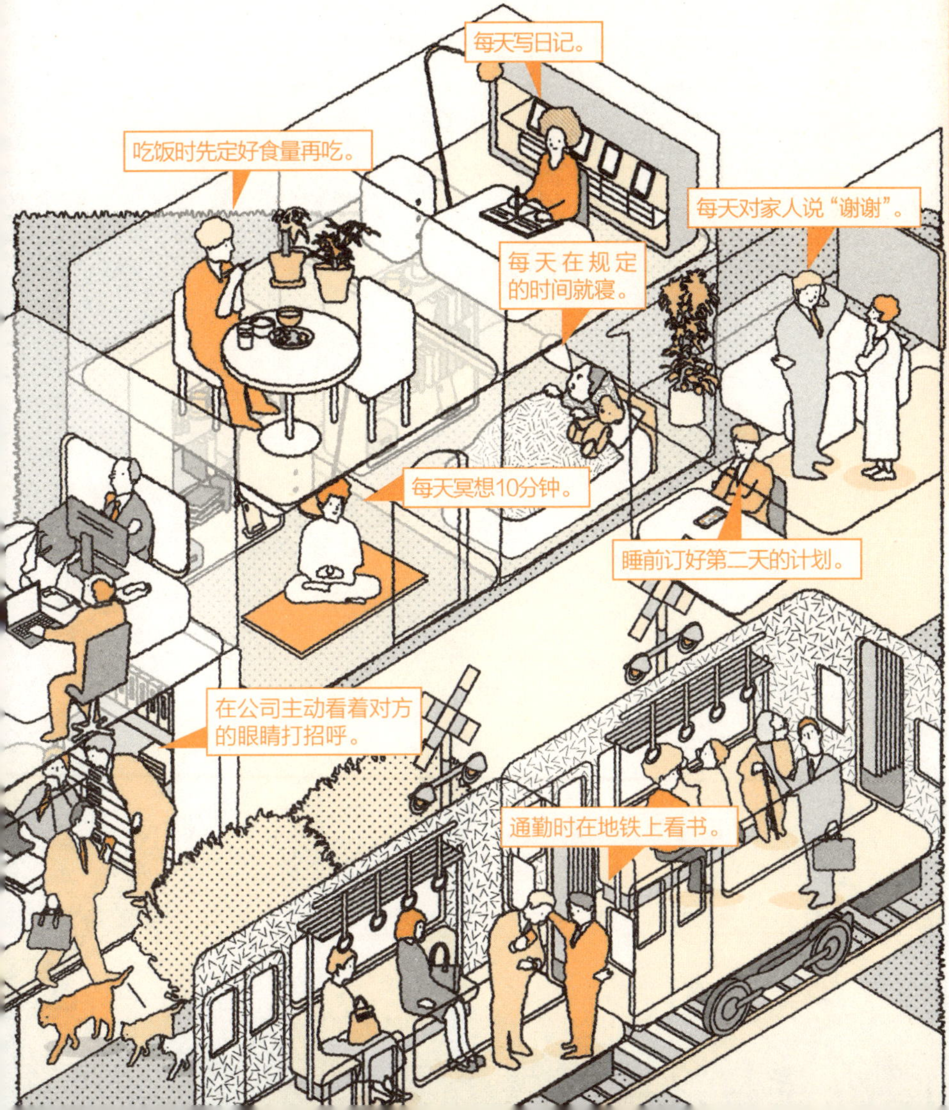
每天写日记。
吃饭时先定好食量再吃。
每天对家人说“谢谢”。
每天在规定的时间就寝。
每天冥想10分钟。
睡前订好第二天的计划。
在公司主动看着对方的眼睛打招呼。
通勤时在地铁上看书。

自学笔记

自学笔记

习惯
养成笔记

第4章

保持习惯的秘诀在于大脑

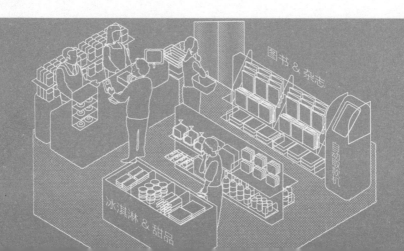

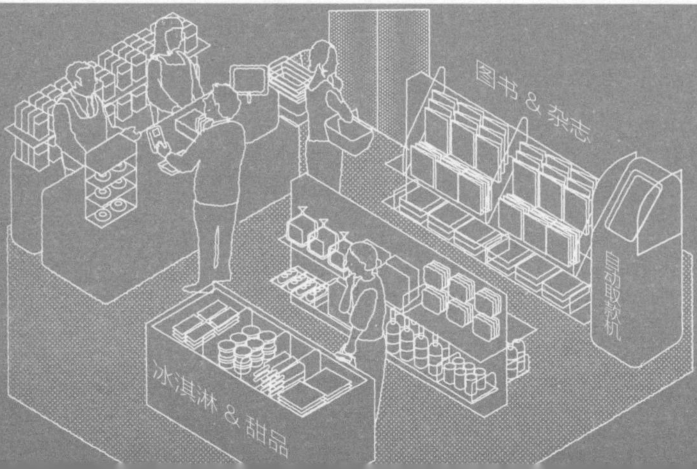

图书 & 杂志
自动取款机
冰淇淋 & 甜品

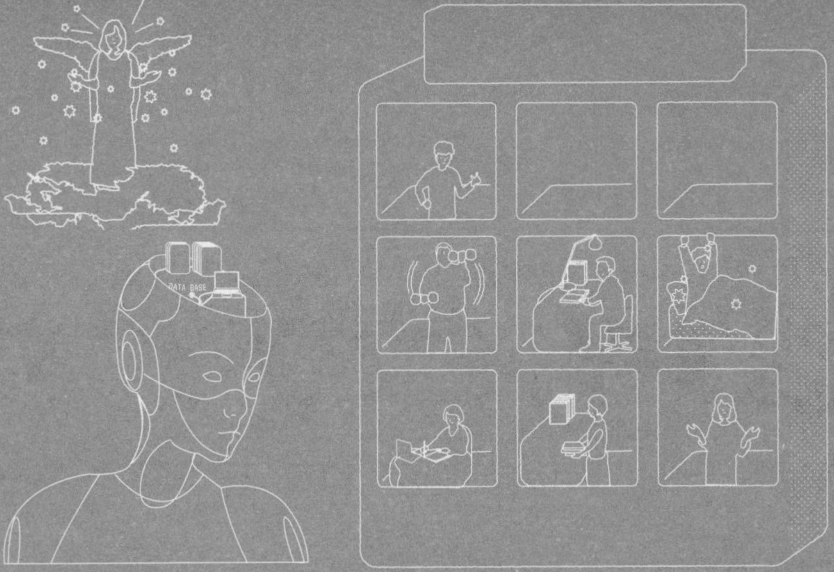

重复正向的输出，能使大脑转变思维，使你遇到什么场面都认为“我能做到！”

大脑和习惯有着很强的关联性。也就是说，有效地利用大脑的运行特点，能使习惯养成变得更加容易。为此，我们要把思维和行为进行正向转换，来引导你的大脑本身也实现正向发展。

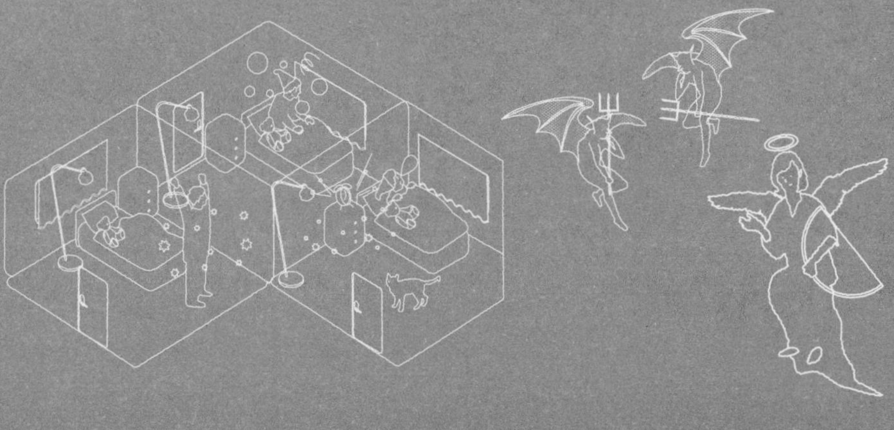

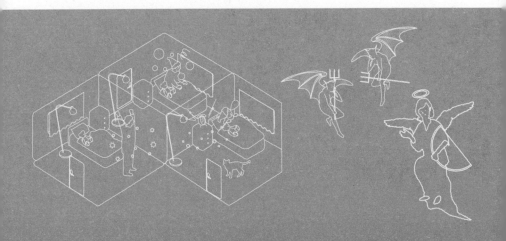

01 习惯经由四个部分的连续得以成立

事先了解支配我们行动的大脑的性质，能够提高习惯养成的成功率。

就像前文所说的，大脑和习惯的关联性很强。也就是说，为了成功养成习惯，了解支配我们行为的大脑的性质是一条捷径。在这一章，我将更深入地挖掘大脑和习惯之间的关系，对培养不会受挫的、强有力的习惯有哪些诀窍进行说明，但在这之前，我们首先还是有必要了解习惯存在种类这件事。

构成习惯的四个部分

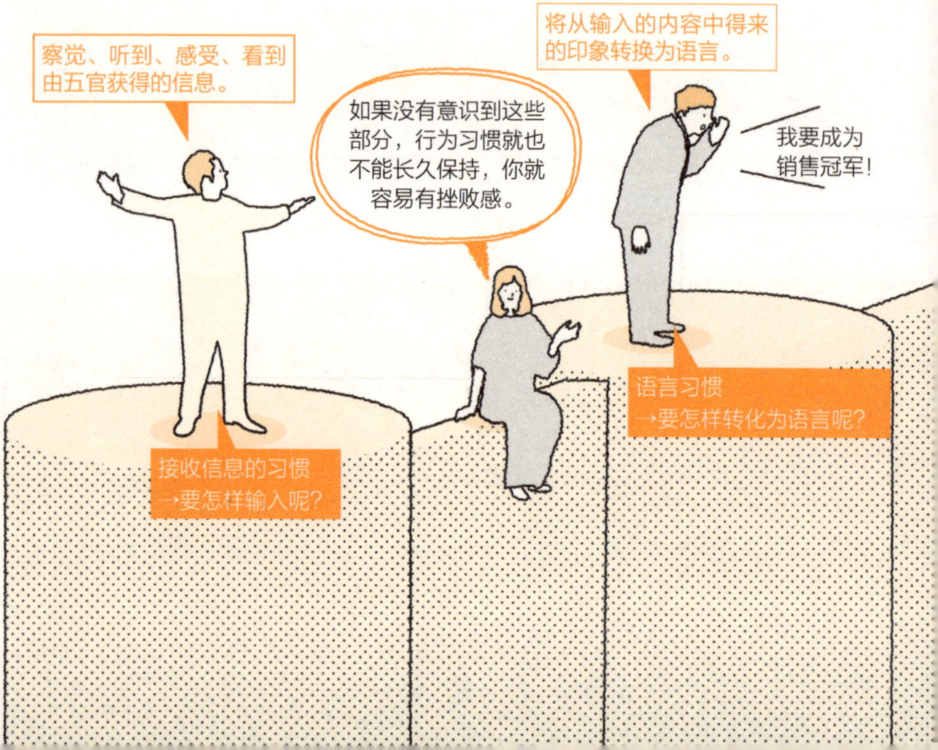
察觉、听到、感受、看到由五官获得的信息。
如果没有意识到这些部分，行为习惯就也不能长久保持，你就容易有挫败感。
将从输入的内容中得来的印象转换为语言。
我要成为销售冠军！
接收信息的习惯
→要怎样输入呢？
语言习惯
→要怎样转化为语言呢？

一般情况下我们所说的习惯，由“接收信息的习惯”“语言习惯”“思考习惯”“行为习惯”这四个部分的连续构成。大多数人所说的习惯，相当于这四部分中的“行为习惯”。但实际上，在习惯形成行为并表现出来之前，是经过了“要怎样接收信息”“要怎样形成语言”“要怎样思考”的过程的。因此，如果要改变行为习惯，就需要先改变接收信息的习惯、语言习惯、思考习惯。

正如第3章介绍过的，像“先做做试试”这样从行为习惯开始改变也是一种方法，但这种情况与接收信息的习惯、语言习惯、思考习惯也有很大的关联。
以语言为基础来思考。
将思考的内容转化为行为。
行为习惯→如何行动？
思考习惯→如何思考？
思考习惯包含“确信习惯（能够确信，不能确信）”和“错觉习惯（好的臆想，不好的臆想）”。
运用“错觉习惯”带来的臆想的力量，养成认为“我能做到！”的“确信习惯”，你就可以养成强有力的“行为习惯”。

02 大脑得出结论只需要0.5秒

我们的大脑要对是愉快还是不适做出判断，从接收信息开始只需0.5秒。

在前面的内容里我们对习惯遵循“接收信息”→“语言”→“思考”的程序进行了说明。那么从“接收信息”开始到“思考”为止需要多少时间呢？答案是，只需要0.5秒。经由五官获得的信息在0.1秒之内就会到达被

大脑得出结论只需0.5秒

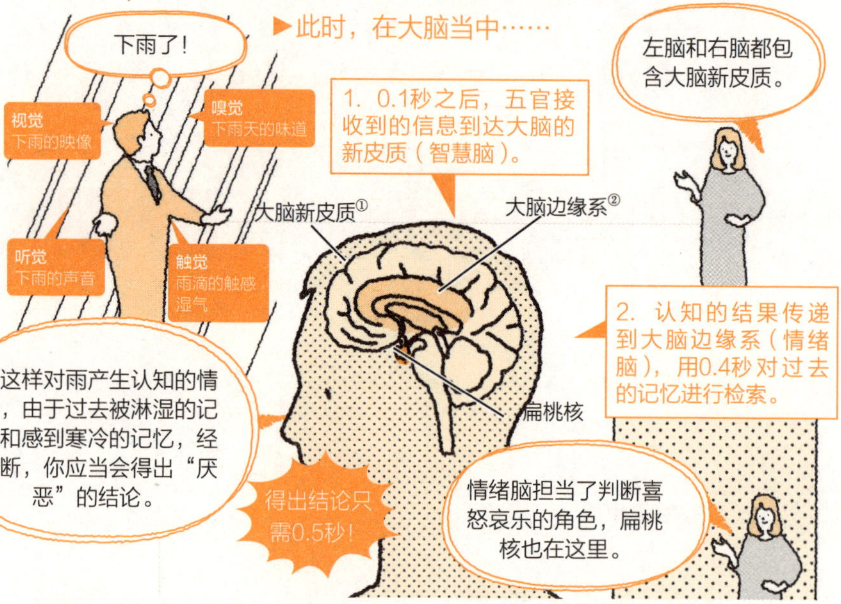
下雨了！
视觉
下雨的映像
嗅觉
下雨天的味道
听觉
下雨的声音
触觉
雨滴的触感
湿气
▶此时，在大脑当中……
1. 0.1秒之后，五官接收到的信息到达大脑的新皮质（智慧脑）。
左脑和右脑都包含大脑新皮质。
大脑新皮质①
大脑边缘系②
扁桃核
2. 认知的结果传递到大脑边缘系（情绪脑），用0.4秒对过去的记忆进行检索。
像这样对雨产生认知的情景，由于过去被淋湿的记忆和感到寒冷的记忆，经判断，你应当会得出“厌恶”的结论。
得出结论只需0.5秒！
情绪脑担当了判断喜怒哀乐的角色，扁桃核也在这里。

① 大脑新皮质与一些高等功能如知觉、运动指令的产生、空间推理、意识及人类语言相关。——译者注

② 大脑边缘系是动情、欲望、本能、自主系机能等动物的基本生命现象的发生和控制的部位。——译者注

称为“智慧脑”的大脑新皮质，接下来到达被称为“情绪脑”的大脑边缘系。情绪脑用0.4秒检索过去的记忆，判断输入的信息具有什么样的意义。接下来在收信之后的0.5秒内，由扁桃核判断这是愉快的还是令人不适的。

这里有一个很大的问题。那就是在供检索的过去的记忆中，比起正向的数据，负面的数据会更多地积蓄下来。因此，扁桃核在很多场景下都会做出“不适”的判断，令你产生“我做不到”“我不行”之类消极的想法。在这种情况下，如果完全没有意识到这一点，我们就无法停止消极的思考。习惯形成容易受到挫败的原因，就是形成了大脑在无意识的状态下就会进行消极思考的机制。

使你陷入消极思考的机制

比起正向的记忆，负面的记忆是更加强力而深刻的，因此当大脑检索过去的记忆时，会有大量消极的记忆被牵连而出。
愉快
不适
数据库
好痛苦……
好讨厌……
好想逃跑……
不行了……
不可能做到的……
数据库
也就是说，到你完成负面的思考，所需时间仅仅只有0.5秒。
从大脑的性质上来说，人们在没有意识到的情况下行动，就会自然而然地倾向于陷入消极的思考中。

03 大脑比起输入更信赖输出的内容

通过留心正向的输出，我们能对原本容易陷入消极思考的大脑进行“洗脑”，向积极的方向转变。

我们的大脑是容易陷入消极思考的。但是，只要利用好大脑的另一种性质，就能够把思维和固有印象向积极的方向进行转换。这种性质就是，大脑比起输入，更信赖输出的内容。也就是说，即使你内心认为“我做不到”，也要先说“好的，我做做试试”。这样一来，由于大脑比起输入更信赖输出的内容，就会为你从过去的数据中搜索出与“做做试试”相关

大脑比起输入，更信赖输出的内容

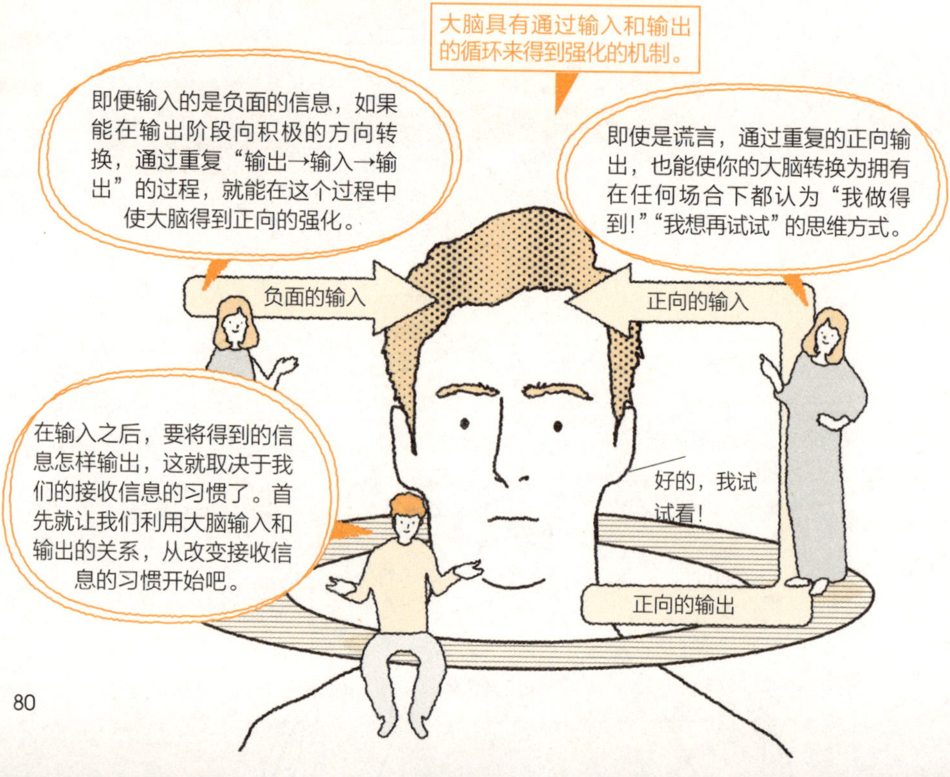
大脑具有通过输入和输出的循环来得到强化的机制。
即便输入的是负面的信息，如果能在输出阶段向积极的方向转换，通过重复“输出→输入→输出”的过程，就能在这个过程中使大脑得到正向的强化。
即使是谎言，通过重复的正向输出，也能使你的大脑转换为拥有在任何场合下都认为“我做得到！”“我想再试试”的思维方式。
负面的输入
正向的输入
在输入之后，要将得到的信息怎样输出，这就取决于我们的接收信息的习惯了。首先就让我们利用大脑输入和输出的关系，从改变接收信息的习惯开始吧。
好的，我试试看！
正向的输出

的、积极的记忆。

为了提高对“输出”的认识，将大脑转换到积极的方向，瞬时输出是很重要的。原因正如前文所述，大脑只需要0.5秒就能完成负面的思考。也就是说，如果能在输入后0.2秒之内完成“好的，我做做试试”的正向输出，就不会给大脑留下搜索过去记忆的时间。虽说如此，如果我们没有特别注意，那么想做到在0.2秒之内完成输出是很难的事。针对这个问题，我推荐你设定一个“口号”。提前预想一天之中你会遇到的各种场景，设定好到时要用怎样的语言应对，通过实际使用这些语言，你能够使大脑向积极的方向转换。

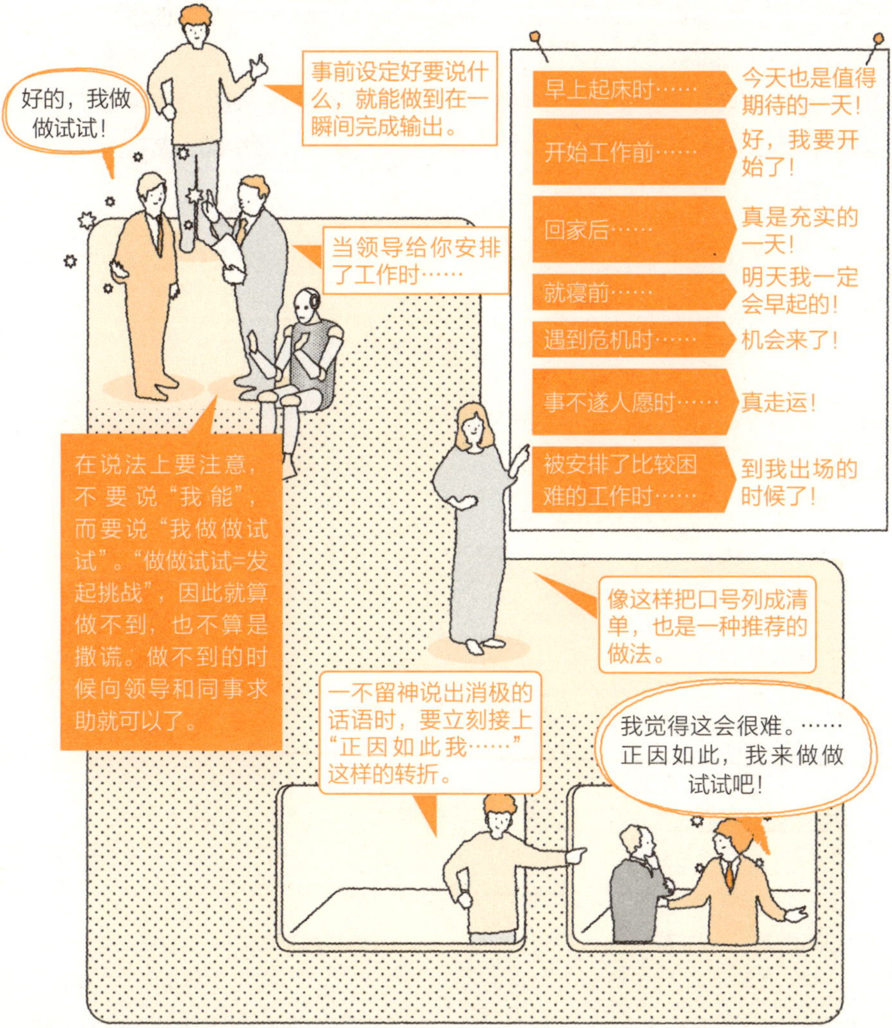

好的，我做做试试！
事前设定好要说什么，就能做到在一瞬间完成输出。
当领导给你安排了工作时……
在说法上要注意，不要说“我能”，而要说“我做做试试”。“做做试试=发起挑战”，因此就算做不到，也不算是撒谎。做不到的时候向领导和同事求助就可以了。
早上起床时……
今天也是值得期待的一天！
开始工作前……
好，我要开始了！
回家后……
真是充实的一天！
就寝前……
明天我一定会早起的！
遇到危机时……
机会来了！
事不遂人愿时……
真走运！
被安排了比较困难的工作时……
到我出场的时候了！
像这样把口号列成清单，也是一种推荐的做法。
一不留神说出消极的话语时，要立刻接上“正因如此我……”这样的转折。
我觉得这会很难。……正因如此，我来做做试试吧！

04 通过语言的转换引导大脑接收正面信息

通过转换语言的意义来欺骗大脑，可以使好习惯得以坚持，使坏习惯得到终止。

还有一种通过语言习惯改变接收信息的习惯的方法，那就是转换语言的意义。例如，当输入“运动”这个词时，有些人的大脑会从过去的记忆中提取出“运动很痛苦”的数据，从而做出“不适”的判断。那么，如果把“运动”替换为“健康”会怎样呢？也就是说，不要说“我现在要开始运动”，而是替换为“我现在要开始变得健康”。这样就会引起大脑的接

接近反应与回避反应的语言转换示例

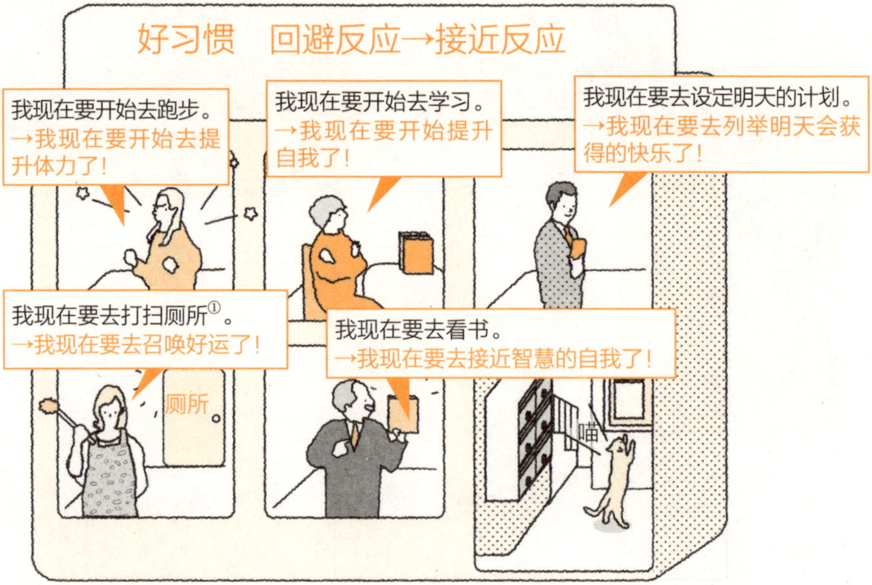
好习惯　回避反应→接近反应
我现在要开始去跑步。→我现在要开始去提升体力了！
我现在要开始去学习。→我现在要开始提升自我了！
我现在要去设定明天的计划。→我现在要去列举明天会获得的快乐了！
我现在要去打扫厕所①。→我现在要去召唤好运了！
我现在要去看书。→我现在要去接近智慧的自我了！
厕所
喵

① 打扫厕所：在日本有着把厕所打扫干净可以为自己带来好运的说法。——译者注

近反应，使你有运动的劲头。

相反，当输入“蒙布朗”[①]这个词时，有些人的大脑会从过去的记忆中提取出“蒙布朗很好吃”的数据，从而做出“愉快”的判断。如果这些人当中有人正在减肥，那么就可以通过语言转换，把要说出口的话从“我现在要开始吃蒙布朗”换成“我现在要开始吃糖分和油脂的集合体”，这样一来就会引起大脑的回避反应，从而能够控制自己少吃甜食。通过像这样转换语言的意义，可以很顺利地欺骗大脑。

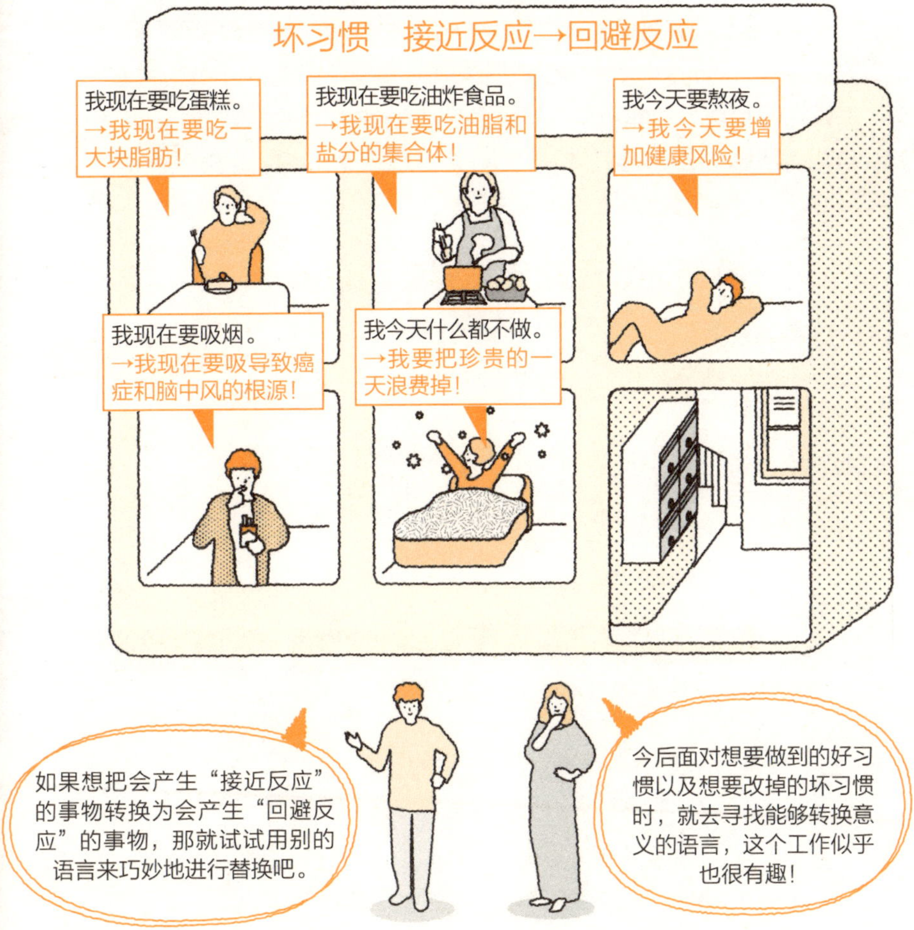

坏习惯　接近反应→回避反应
我现在要吃蛋糕。
→我现在要吃一大块脂肪！
我现在要吃油炸食品。
→我现在要吃油脂和盐分的集合体！
我今天要熬夜。
→我今天要增加健康风险！
我现在要吸烟。
→我现在要吸导致癌症和脑中风的根源！
我今天什么都不做。
→我要把珍贵的一天浪费掉！
如果想把会产生“接近反应”的事物转换为会产生“回避反应”的事物，那就试试用别的语言来巧妙地进行替换吧。
今后面对想要做到的好习惯以及想要改掉的坏习惯时，就去寻找能够转换意义的语言，这个工作似乎也很有趣！

① 蒙布朗：一种使用栗子泥制作的法式甜点。——译者注

05 通过姿势和表情引导大脑进行正向思考

不只是语言，我们通过有意识地采用积极的姿势和表情，也能使大脑进行正面的思考。

不只是语言，把姿势和表情向积极的方向进行转变，也有利于我们养成良好的接收信息的习惯。像确定口号一样，确定“固定姿势”也很有效。例如胜利手势[①]，就是一个很好的固定姿势。握紧拳头，一用力，你就会自然而然地生出“太棒了！”“好，试试看吧”的心情。如果你事先

会造成负面输出的姿势和表情

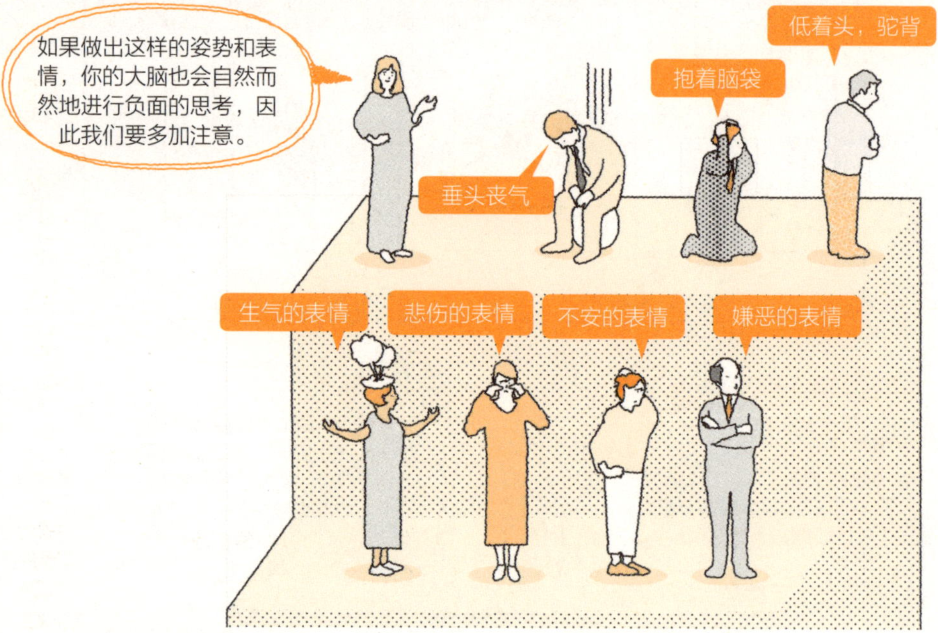

如果做出这样的姿势和表情，你的大脑也会自然而然地进行负面的思考，因此我们要多加注意。
低着头，驼背
抱着脑袋
垂头丧气
生气的表情
悲伤的表情
不安的表情
嫌恶的表情

① 胜利手势：双手握拳在胸前，或举过头顶，表示获胜的姿势。——译者注

决定无论遇见什么事都先做个胜利手势，那么你的大脑就会相信这种输出，从而完成正向的思考。

表情也是一样，为了正向的输出，都需要我们多加注意。为此要做的事情其实很简单。只要我们的嘴角常常是上扬的就可以了。当怀有“愉快”“喜悦”这样正向的情绪时，人们的嘴角会自然上扬，露出笑脸。因此就算你没有什么可开心的事，也要有意识地上扬嘴角，这样一来大脑就会认为“有什么好事情发生了”。越是痛苦和无聊的时候，越是要上扬嘴角，来养成引导大脑进行正向思考的习惯。

通过姿势和表情使大脑进行正向思考

冲啊！
太棒了！
不管事情进行得顺不顺利，都能通过姿势和表情引导大脑进行正向思考，让我们来养成这样的习惯吧。
万岁手势
胜利手势
铃木一朗在棒球击球员区常做的一套动作，也是他自己特有的固定姿势。
51
为了引导大脑进行正向思考，我们越是在危急关头，越是要笑口常开。
就算之前在击球位上被三振出局了，也要做出和打出安打时同样的姿势，这样一来大脑就会产生错觉，认为“上次在击球位上打出安打了啊”。
面部的表情肌肉和大脑是有着直接关联的，因此就算是我们刻意做出的笑脸，也能很轻易地使大脑上当。

06 把每天发生的好事情写下来

把每天发生的三件幸福的事写下来，这样就能向你的大脑输入正向的信息。

还有一个可以把输出转换为正向的方法。那就是把每一天感受到的喜悦、愉快、幸福感等写下来。写下来这个动作也是一种输出，坚持每天做，就会使其成为一种强化输出的训练。具体做法上，请你回顾一天当中“在通勤途中遇到的喜悦之事”“在职场上遇到的开心事”“在家庭中获得的幸福感”，把这三件幸福的事写在笔记本上记录下来。无论是多么细微的事情都没关系。

每天记录“喜悦”“愉快”“幸福感”

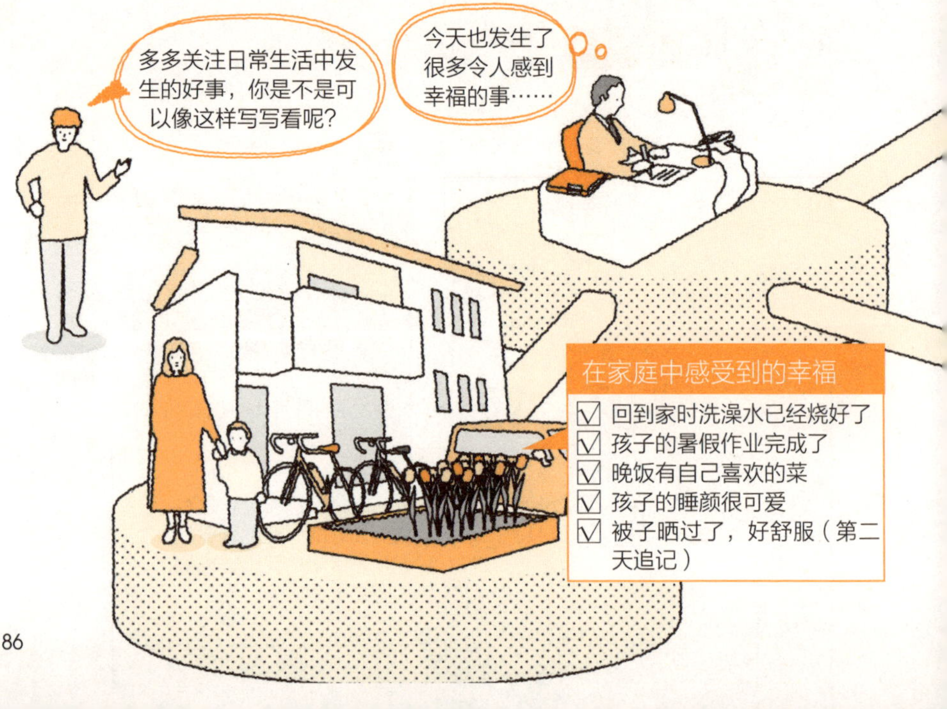
多多关注日常生活中发生的好事，你是不是可以像这样写写看呢？
今天也发生了很多令人感到幸福的事……
在家庭中感受到的幸福
☑ 回到家时洗澡水已经烧好了
☑ 孩子的暑假作业完成了
☑ 晚饭有自己喜欢的菜
☑ 孩子的睡颜很可爱
☑ 被子晒过了，好舒服（第二天追记）

坚持这种训练的好处，是让你能够理解“这个世上没有什么事是理所当然的”。就算是曾经认为地铁按时到达是理所当然的人，也会意识到地铁之所以能够按时到达，是因为没有遇到事故和意外。换句话说，这能让你切实感受到曾认为是理所当然的事，实际上是多么令人幸福的事。同时，这样也会使你的大脑接收到正向的信息。即使是言行常常不自觉地倾向于消极的人，通过持续“正向输出→正向输入”的循环，也能够改变自己的接收习惯。

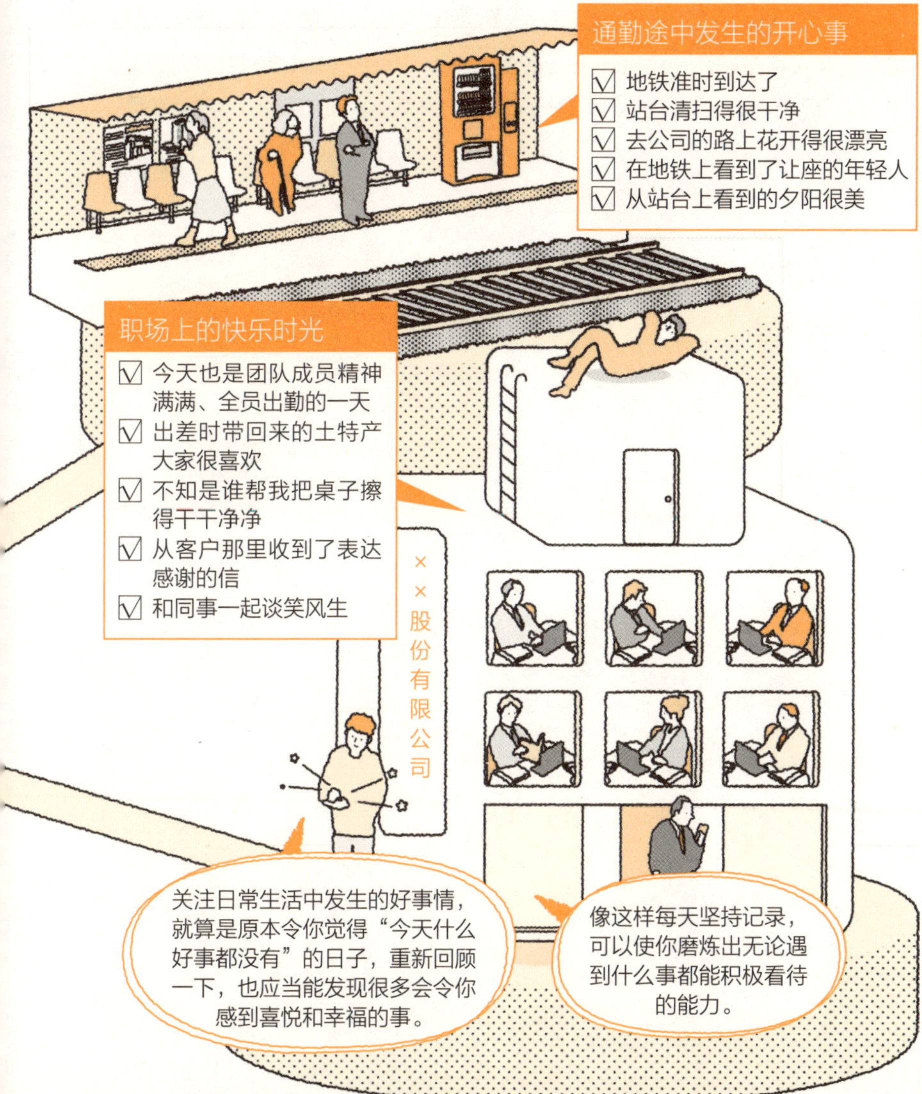

通勤途中发生的开心事
☑ 地铁准时到达了
☑ 站台清扫得很干净
☑ 去公司的路上花开得很漂亮
☑ 在地铁上看到了让座的年轻人
☑ 从站台上看到的夕阳很美
职场上的快乐时光
☑ 今天也是团队成员精神满满、全员出勤的一天
☑ 出差时带回来的土特产大家很喜欢
☑ 不知是谁帮我把桌子擦得干干净净
☑ 从客户那里收到了表达感谢的信
☑ 和同事一起谈笑风生
××股份有限公司
关注日常生活中发生的好事情，就算是原本令你觉得“今天什么好事都没有”的日子，重新回顾一下，也应当能发现很多会令你感到喜悦和幸福的事。
像这样每天坚持记录，可以使你磨炼出无论遇到什么事都能积极看待的能力。

07 每天及时清空大脑

在一天的末尾清算当天产生的各种情绪，能够使你在第二天还能保持大脑的积极性。

就算你时刻注意正向输出，有些日子里也可能会觉得“今天没什么干劲”。人类就是这样，这是没办法的事。重要的是，不要让这种情绪延续到你的下一天。为此我想推荐的方法就是“清除”。正如其名，清除就是

要在睡前的十分钟内进行清除

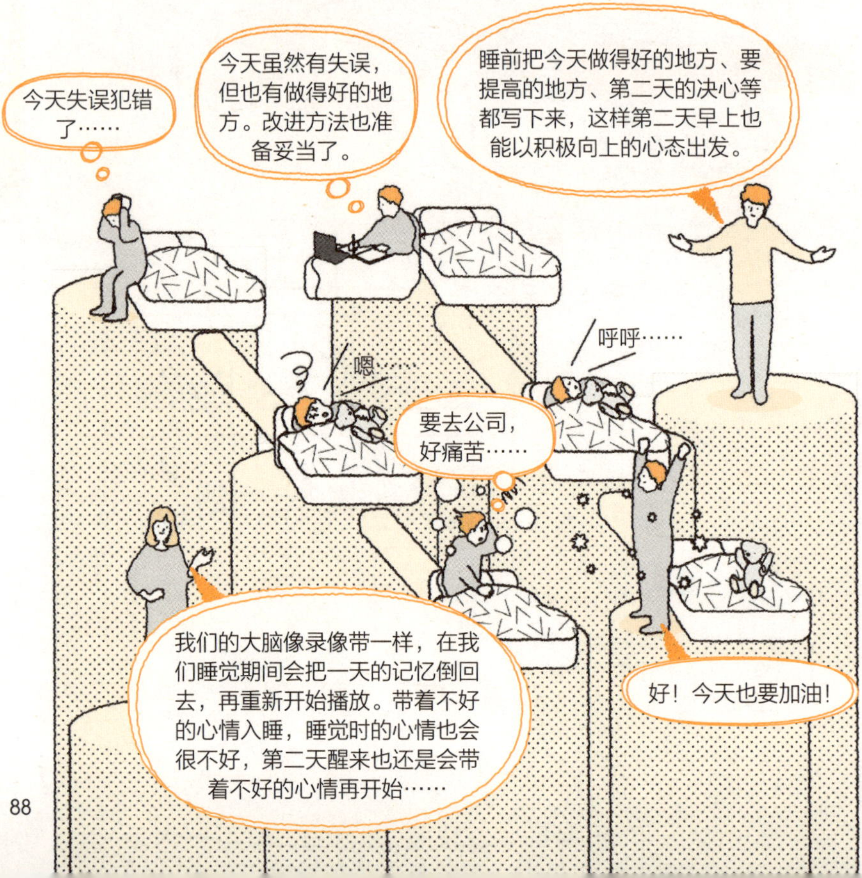
今天失误犯错了……
今天虽然有失误，但也有做得好的地方。改进方法也准备妥当了。
睡前把今天做得好的地方、要提高的地方、第二天的决心等都写下来，这样第二天早上也能以积极向上的心态出发。
嗯……
呼呼……
要去公司，好痛苦……
我们的大脑像录像带一样，在我们睡觉期间会把一天的记忆倒回去，再重新开始播放。带着不好的心情入睡，睡觉时的心情也会很不好，第二天醒来也还是会带着不好的心情再开始……
好！今天也要加油！

说把当天产生的情绪暂且清空。这种清除的行为，请你一定要在睡前进行。要说为什么，这是因为睡前的十分钟正是大脑的黄金时间。

要做的事情非常简单。你只需要在睡前，把今天做得好的地方，今天发现的应当改进的地方，第二天的对策和决心这三点写出来。要改变接收信息的习惯，你要做的不是“反省”而是“分析”。这里的要点在于，越是怀有负面的情绪时，你越要多多写出“做得好的地方”，而越是怀有正面的情绪时，你越要多多写出“应当改进的地方”。在你反复进行正向输出的过程中，就能够切实感受到接收信息的习惯改变了。

清除的方法

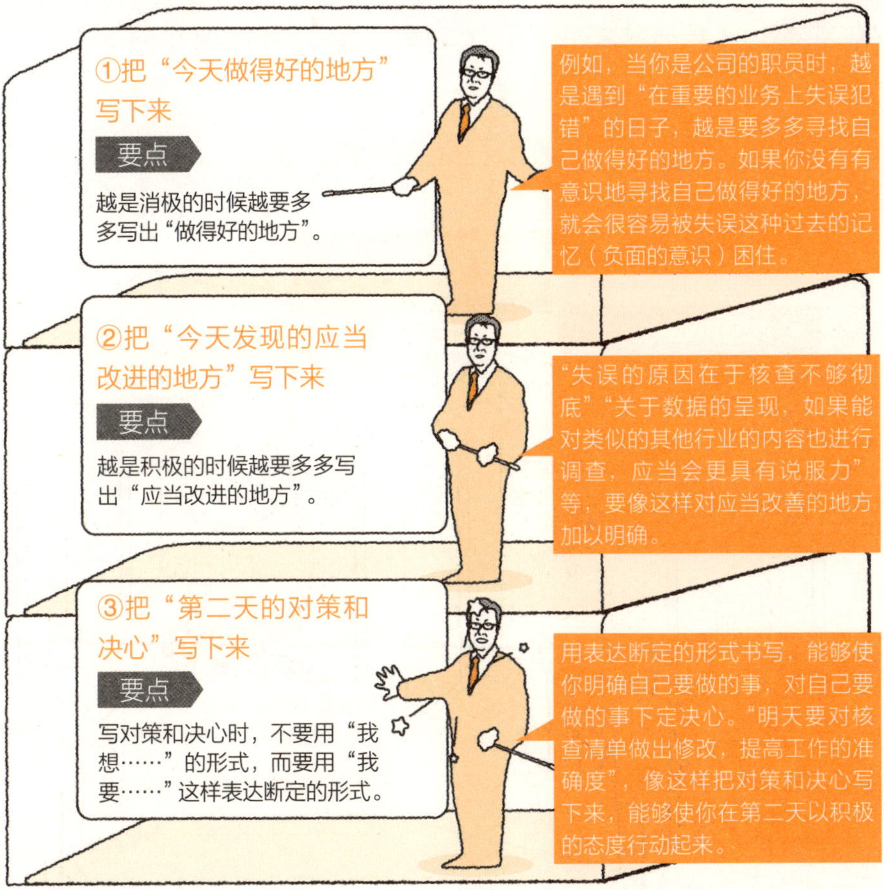

①把“今天做得好的地方”写下来
要点
越是消极的时候越要多多写出“做得好的地方”。
例如，当你是公司的职员时，越是遇到“在重要的业务上失误犯错”的日子，越是要多多寻找自己做得好的地方。如果你没有有意识地寻找自己做得好的地方，就会很容易被失误这种过去的记忆（负面的意识）困住。
②把“今天发现的应当改进的地方”写下来
要点
越是积极的时候越要多多写出“应当改进的地方”。
“失误的原因在于核查不够彻底”“关于数据的呈现，如果能对类似的其他行业的内容也进行调查，应当会更具有说服力”等，要像这样对应当改善的地方加以明确。
③把“第二天的对策和决心”写下来
要点
写对策和决心时，不要用“我想……”的形式，而要用“我要……”这样表达断定的形式。
用表达断定的形式书写，能够使你明确自己要做的事，对自己要做的事下定决心。“明天要对核查清单做出修改，提高工作的准确度”，像这样把对策和决心写下来，能够使你在第二天以积极的态度行动起来。

08 在心中描绘让人满怀期待的未来

为了坚持习惯，塑造能使大脑充满期待的思考方式也很有效。

一个习惯能不能得到坚持，是由大脑判断出“好恶”来决定的。既然如此，就让我们来塑造能使大脑充满期待的思考方式吧。人类的大脑如果在正常情况下会对过去负面的记忆进行检索，得出“我不可能做到”的结论，从而给你自己设下界限，使得下一步的行为习惯受到阻碍。但是，如果你能够对令人期待的未来进行构想，大脑受到的阻碍就能得以解除。

具体地描绘自己的未来的方法

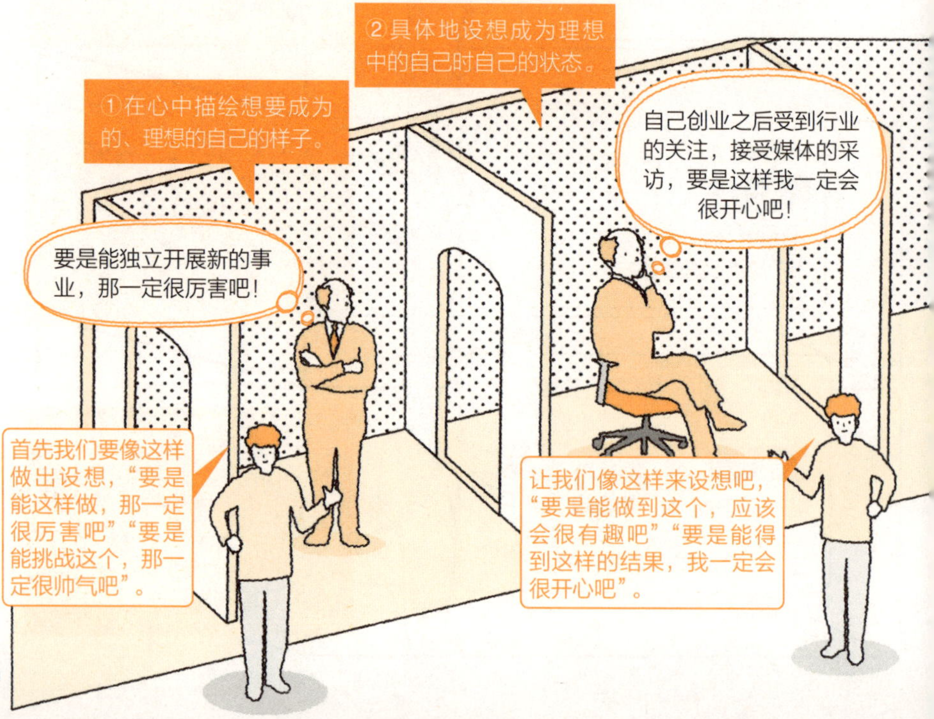
①在心中描绘想要成为的、理想的自己的样子。
②具体地设想成为理想中的自己时自己的状态。
要是能独立开展新的事业，那一定很厉害吧！
自己创业之后受到行业的关注，接受媒体的采访，要是这样我一定会很开心吧！
首先我们要像这样做出设想，“要是能这样做，那一定很厉害吧”“要是能挑战这个，那一定很帅气吧”。
让我们像这样来设想吧，“要是能做到这个，应该会很有趣吧”“要是能得到这样的结果，我一定会很开心吧”。

如果你到现在还没有找到自己的梦想，那就请尝试一下设想训练吧。虽说是训练，但也并不是什么困难的事。仅仅就是按照下面插图上的顺序，在心中描绘自己的未来而已。这里的要点在于，要从“可能会……吧”入手。一开始不觉得“我一定要试试”“我一定能做到”也没关系。“我可能想试试看”“要是能做到这个，那一定很厉害吧”，像这样以设想来作为开端，应当不会很困难。

起初从“可能会……吧”开始，到了④的阶段，就以“能做到是理所当然”这样强力的设想来替换，请你留意这一点。
⑤尽情设想当成为理想中的自己时自己的喜悦。
④设想要达到理想中的自己需要解决的问题点。
③设想某个人因为自己而开心的样子。
创业之后工作价值和收入都增加了，陪伴家人的时间也更多了，这可真是太好了！
为了创业，就需要积累和现在的事业方向匹配的人脉，这我一定能做到！
创业成功之后，妻子会觉得“不仅收入增多了，加班也少了，休息日也不用再去工作，孩子也很开心”，应当会很高兴吧！
在这个阶段，不要想象“要是能成为理想中的自己该有多好”，而是要以“已经成了理想中的自己”为前提，尽情地设想到那时自己的喜悦。
我们要设想出为了成为理想中的自己需要解决的课题和问题点。
让我们来想象一下，当你成为理想中的自己后，谁会以怎样的方式感到开心。
难得如此，就把语言习惯也组合起来，“我在一年之后开始创业，走向独立”，像这样说出来试试吧。大脑是很直率的，它会相信你说出的话，相信你为了实现这个梦想而做出行动。

09 将未来视觉化，将想象具体化

通过编写未来年表和日记将目标可视化，可以强化你的习惯力。

要想进一步提高对未来的期待，你可以在纸上写写未来自己的样子，这也是很有效的方法。这就是在说你可以通过把未来写在纸上来进行视觉化，具体地设想实现梦想后自己的样子。制作“未来年表”是其中的方法之一。把会让你觉得“要是能这样就好了”的事写出来，从未来到现在按照年份排列出来。当你把未来自己的发展状况按照年份写下来进行视觉化时，就能够更进一步坚定和强化你的设想。

制作“未来年表”的方法

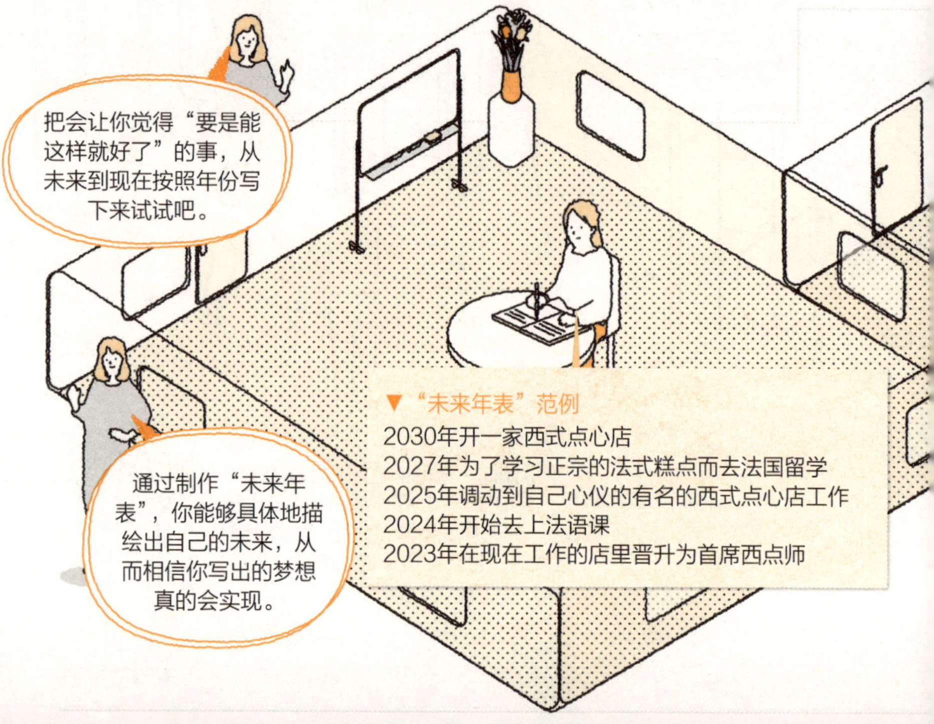
把会让你觉得“要是能这样就好了”的事，从未来到现在按照年份写下来试试吧。
通过制作“未来年表”，你能够具体地描绘出自己的未来，从而相信你写出的梦想真的会实现。

▼“未来年表”范例

2030年开一家西式点心店
2027年为了学习正宗的法式糕点而去法国留学
2025年调动到自己心仪的有名的西式点心店工作
2024年开始去上法语课
2023年在现在工作的店里晋升为首席西点师

设想当你成为理想中的自己时的情景，写下那时的日记，这就是“未来日记”，我同样很推荐这种方法。如果是以一年后事业进步实现升职为目标的人，那就想象自己工作调动后在新的岗位上大显身手，把会发生的事详细地写下来，然后把这篇日记贴在家里或者是随身携带，让它常常出现在自己的视线中。每当你看到这篇日记就会强化你对升职成功的自己产生的设想，从而使你能够相信“我一定能做到”。

书写“未来日记”

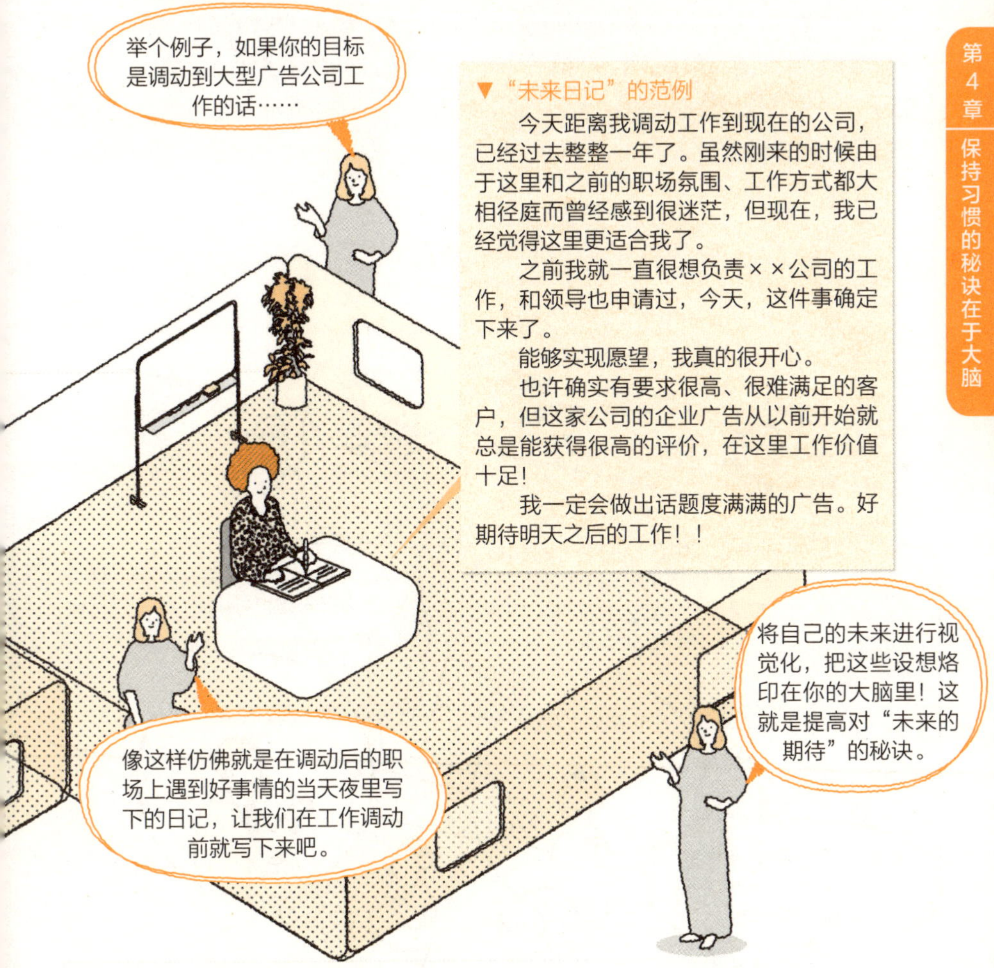

举个例子，如果你的目标是调动到大型广告公司工作的话……
像这样仿佛就是在调动后的职场上遇到好事情的当天夜里写下的日记，让我们在工作调动前就写下来吧。
将自己的未来进行视觉化，把这些设想烙印在你的大脑里！这就是提高对“未来的期待”的秘诀。

▼“未来日记”的范例

今天距离我调动工作到现在的公司，已经过去整整一年了。虽然刚来的时候由于这里和之前的职场氛围、工作方式都大相径庭而曾经感到很迷茫，但现在，我已经觉得这里更适合我了。

之前我就一直很想负责××公司的工作，和领导也申请过，今天，这件事确定下来了。

能够实现愿望，我真的很开心。

也许确实有要求很高、很难满足的客户，但这家公司的企业广告从以前开始就总是能获得很高的评价，在这里工作价值十足！

我一定会做出话题度满满的广告。好期待明天之后的工作！！

关键词 → ☑ 崇拜的人，过去曾有过的期待

10 无法想象未来时的处理方式

如果你是无论如何都想不到有什么梦想的人，那就试试去想想崇拜的人和过去你曾有过的期待吧。

到这里，我们介绍了对未来的梦想进行设想以提高期待感的方法，但也会有一些人，认为自己无论如何都想不到有什么梦想。这种情况下，就来试着找找自己崇拜的人吧。如果不能对自己想变成什么样子做出设想，那就从“我想变成像他那样的人”，即崇拜来入手。这种崇拜，会为你设想未来的自己提供帮助。

处理方法①找到崇拜的人

尽可能多地写出那些会让你觉得“帅气”“出色”“值得尊敬”等的人，来试试吧。
在这些人中选出一名你最有好感、最尊敬的，来问问自己：“如果那个人要为我加油，他会对我说些什么呢？”
不仅限于生活中认识的人，名人或者自己喜欢的历史人物也可以。
你也能变成我这样的人！
你也要加油哦！
想要“变成像他那样的人”，这也是一种了不起的未来的梦想。

要找到期待感，还有别的契机。那就是想想看自己过去曾有过的期待。就算是对未来无法产生期待的人，也应当会有过去曾在心中描绘过的梦想和孩童时期曾喜欢过的事以及感到过愉快的经验。这些事情请你能想到多少就都写在纸上。接下来就请你问问自己："如果过去那个满怀期待的自己和现在的自己相遇了，你觉得他会说些什么呢？"

处理方法②想起自己过去曾有过的期待

小学的时候，我赛跑得了第一名，当时好开心！
我小的时候曾经想要成为足球运动员。
要写下来的"过去曾有过的期待"，内容无论是多么久远、多么细微的事情都没关系。
写下来之后，就来问问你自己"当时的自己，如果遇到了现在的自己，都会说些什么"。
我成了第一名，你在公司也一定能成为第一名的！
我在那时都能那么努力地训练，在现在的公司也一定能更加努力的。
你一定会被过去的自己激励到的。接着你就应当会觉得，过去曾有过期待，那么未来也一定能够充满期待。

11 拥有可以畅谈未来梦想的朋友

珍惜肯定你的梦想的朋友吧。如果不是和这样的朋友交往，也许你在养成习惯的途中可能会受阻……

还有一个强化自己对未来的期待的方法。那就是拥有肯定你的梦想、可以畅所欲言的朋友。当你在描述自己未来的梦想时，“太优秀了”“你一定可以的”，如果拥有能像这样用积极的语言来回应你的朋友，你的大脑也能得到正向的强化。针对朋友正向的输出，你也会以正向的输出进行反馈。拥有这样的朋友，你的期待感会成倍增长。

去和这样的朋友交往吧

你一定能做到！
好棒啊！
为你的梦想加油哦！
你竟然在考虑这么厉害的事？好期待！

反过来，如果你自己做出了正向的输出，但对方却以负面的输出进行反馈，遇到这样的人又会怎样呢？你向他描述了你的梦想，他却以“这不行吧”“这应该很困难吧？”这样否定性的语言进行回应，这会使你好不容易做出的正向输出被负面的输出打消。我们人类是很容易就会失去干劲的。“好麻烦”“好困难”“做不到”“太糟糕了”“肯定不行”，等等，如果你身边有用这样的语言与你交谈的朋友，那么也许与他保持一些距离会更好一点。

12 积极的想法塑造理想的自我

从好的意义上欺骗大脑是实现习惯化的关键。也就是说，好的错觉会引导你的人生走向成功。

读到这里的朋友，相信你们已经有所察觉了。人类的大脑，是非常容易上当受骗的。而这对于想要养成习惯的我们来说恰恰是个好机会。无论遇到多么困难的事，大脑都会轻易上当，确信“我一定能做到”。如果能

培养“确信习惯”的方法

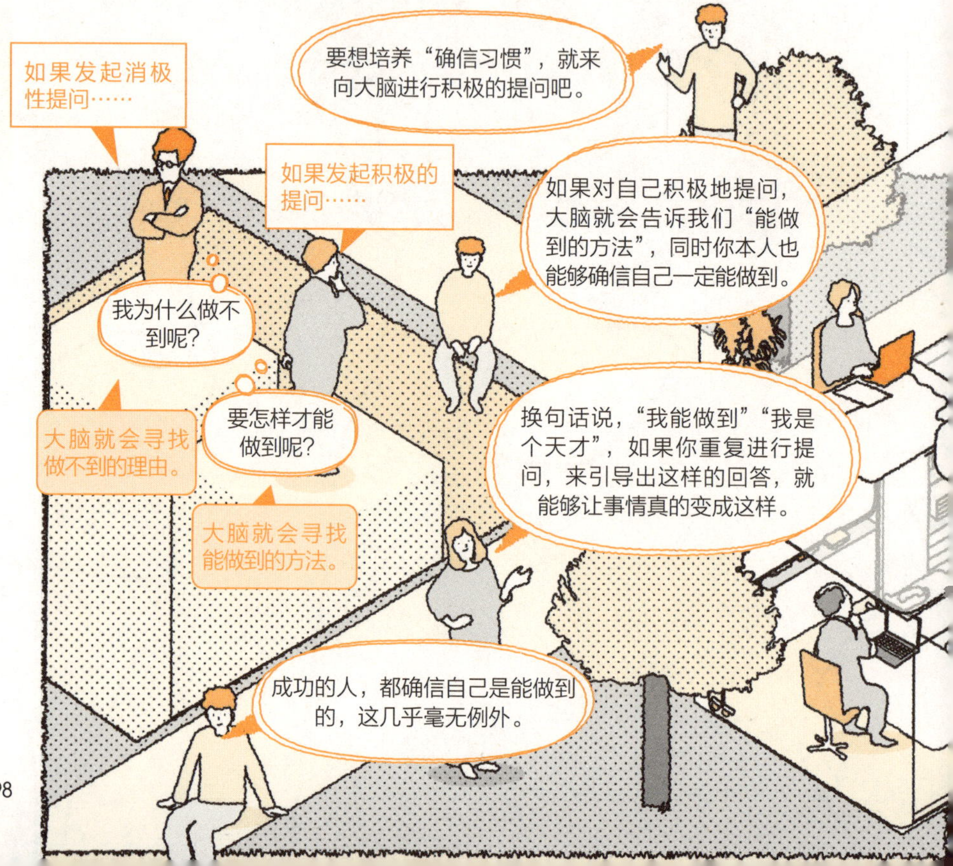
要想培养“确信习惯”，就来向大脑进行积极的提问吧。
如果发起消极性提问……
我为什么做不到呢？
大脑就会寻找做不到的理由。
如果发起积极的提问……
要怎样才能做到呢？
大脑就会寻找能做到的方法。
如果对自己积极地提问，大脑就会告诉我们“能做到的方法”，同时你本人也能够确信自己一定能做到。
换句话说，“我能做到”“我是个天才”，如果你重复进行提问，来引导出这样的回答，就能够让事情真的变成这样。
成功的人，都确信自己是能做到的，这几乎毫无例外。

培养出这样的“确信习惯”，无论是谁都能实现梦想，收获成功。

大脑如此轻易就上当受骗，这意味着什么呢？答案就是“一切都不过是你的臆想而已”。我们是由我们自己的错觉塑造而成的。既然如此，那么比起不好的错觉，还是拥有好的错觉比较幸福。我们把产生好的错觉的习惯称为“良德错觉习惯”，产生不好的错觉的习惯称为“恶德错觉习惯”。也请你一定要用这一章介绍的窍门，来培养你的良德错觉习惯。

来制造欺骗大脑的“好的错觉”吧！

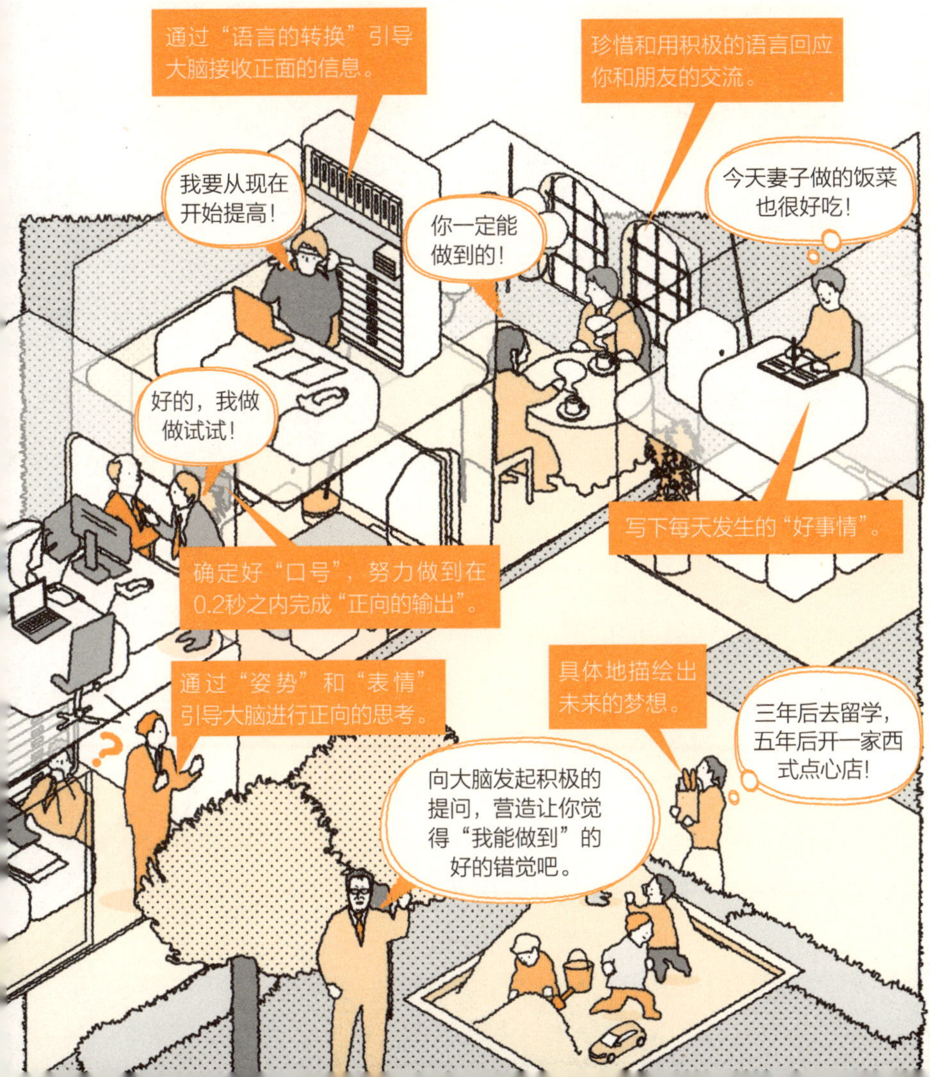

通过“语言的转换”引导大脑接收正面的信息。
我要从现在开始提高！
珍惜和用积极的语言回应你和朋友的交流。
你一定能做到的！
今天妻子做的饭菜也很好吃！
好的，我做做试试！
写下每天发生的“好事情”。
确定好“口号”，努力做到在0.2秒之内完成“正向的输出”。
通过“姿势”和“表情”引导大脑进行正向的思考。
具体地描绘出未来的梦想。
三年后去留学，五年后开一家西式点心店！
向大脑发起积极的提问，营造让你觉得“我能做到”的好的错觉吧。

自学笔记

自学笔记

习惯
养成笔记

第5章

坚持好习惯的方法，改正坏习惯的方法

图书 & 杂志
自动取款机
冰淇淋 & 甜品

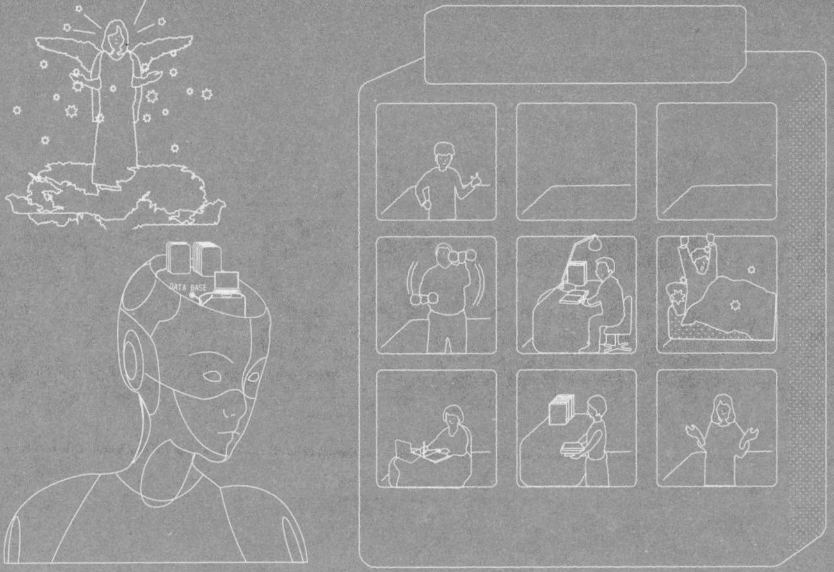

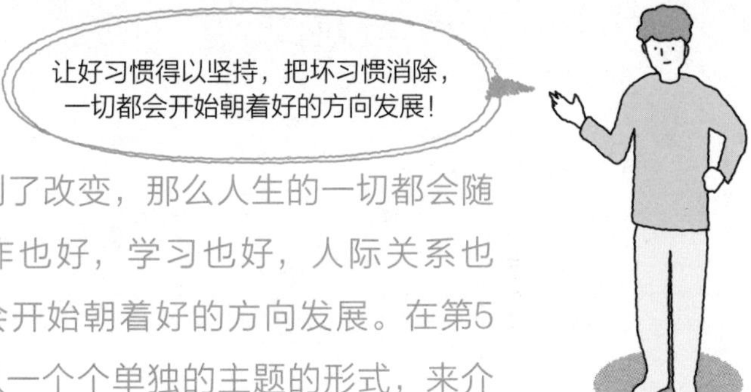
让好习惯得以坚持，把坏习惯消除，
一切都会开始朝着好的方向发展！

如果习惯得到了改变，那么人生的一切都会随之改变。工作也好，学习也好，人际关系也好，一切都会开始朝着好的方向发展。在第5章，我们将以一个个单独的主题的形式，来介绍能够使习惯化得以成功的要点。

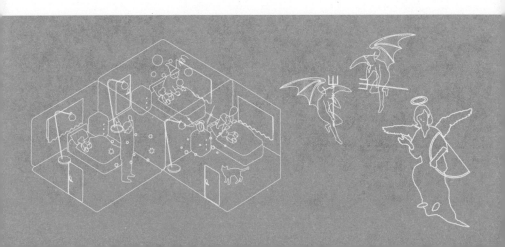

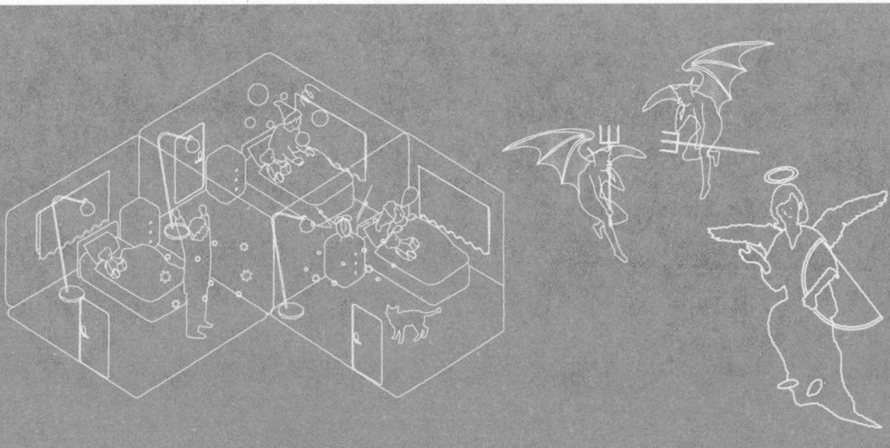

01 坚持好习惯的方法① 早起

▶回溯行为

如果想把早起习惯化，首先要决定习惯的前一件事，也就是要决定“睡觉时间”。

如果你想早起，首先要确定“我要每天6点起床”这样的起床时间。也许你会认为“这不是理所应当的事吗?”但无法坚持早起的人，大多数都是“想要早起，却没有确定好要几点起”的人。当你确定了起床时间，就来决定习惯的前一件事，也就是睡觉时间吧。

将早起形成习惯的方法

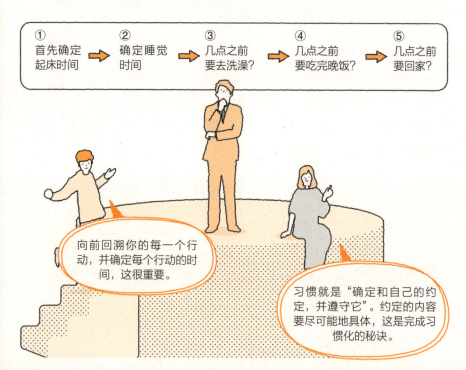

①首先确定起床时间 → ②确定睡觉时间 → ③几点之前要去洗澡? → ④几点之前要吃完晚饭? → ⑤几点之前要回家?

向前回溯你的每一个行动，并确定每个行动的时间，这很重要。
习惯就是“确定和自己的约定，并遵守它”。约定的内容要尽可能地具体，这是完成习惯化的秘诀。

在睡眠方面，日常的生活节奏是很重要的。在重要的日子来临的前一天，就算你突然想要好好睡觉为明天做准备，也常常无法如愿。另外，在睡眠上，比起时长，质量才是更重要的。为了提高睡眠质量，在如何度过睡前的30分钟方面多下功夫试试也是一种方法。有意识地营造优质睡眠，可以提高你养成早起的习惯的成功率。

为了获得优质的睡眠可以采取的方法

播放舒缓的音乐。
使用熏香或香氛。
洗澡时调暗浴室的灯光，悠闲地泡个澡。
服用所需的营养保健品。
不要把手机、电脑、电视等带进卧室。
在晚饭后进行适度的运动。
控制咖啡因、酒精和烟草等的摄入。
多多尝试，来寻找适合你自己的“睡前习惯”吧。

02 坚持好习惯的方法② 瘦身

▶重要的是构想成功后的景象

当你要开始瘦身时，先在内心描绘出理想中的自己，然后就来向大脑进行正向提问吧。

如果你想要瘦身，那么就首先来明确理想中的自己的样子吧。正如我们在第3章解说过的，不要只想着“我要瘦”，而是要想着“我想要成为适合穿迷你裙的自己”“我想要干练地穿着职业装，成为看起来令人觉得‘工作能力很强’的自己”“做了代谢方面的检查，我想要各项数值回归到不影响健康的状态”，等等，像这样具体地描述是很重要的。

首先要明确理想中的自己是什么样子

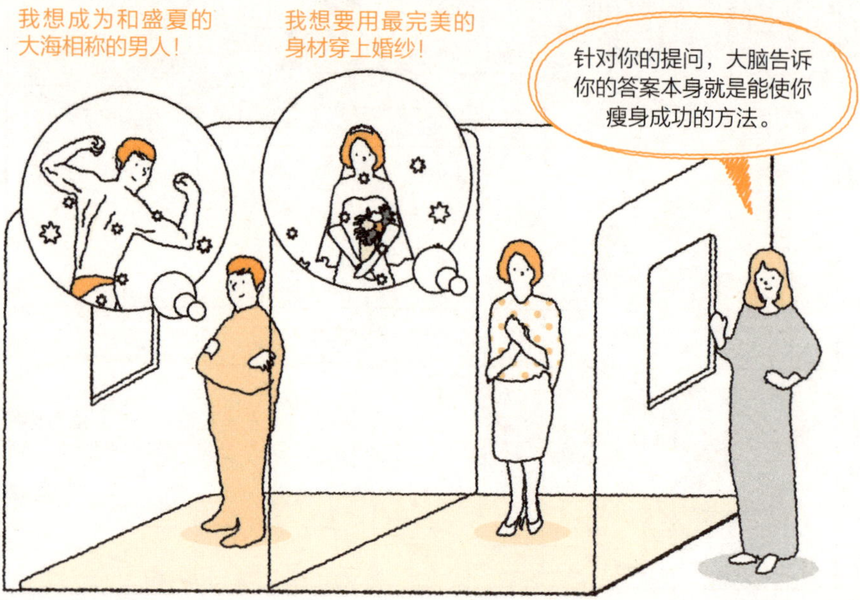
我想成为和盛夏的大海相称的男人！
我想要用最完美的身材穿上婚纱！
针对你的提问，大脑告诉你的答案本身就是能使你瘦身成功的方法。

接下来向大脑进行正向提问吧，“为什么瘦身能取得成功呢?”这里的要点是把“瘦身已经取得了成功”作为提问的前提。大脑无法区分这是事实还是谎言，会拼命地努力为你思考答案。接下来，大脑就会像这样回答你:“是因为比起吃零食我更喜欢吃蔬菜”。而这个答案本身就会成为你瘦身成功的方法。

向大脑进行积极的提问

为什么瘦身能取得成功呢?
要以已经“取得成功”作为前提来向大脑进行提问。
大脑无法区分这是事实还是谎言，因此会拼命地为你思考答案。
因为我每天都要走至少8000步。
这样一来，就会得出像这样的回答。
因为我不再吃零食，而是改为喝水。
因为我不再坐公交车，而是改为骑自行车上下学。
针对你的提问，大脑告诉你的答案本身就是能使你瘦身成功的方法。
“对理想中的自己的设想+向大脑进行提问”会成为你能把瘦身坚持下去的强大伙伴。

03 坚持好习惯的方法③ 跑步

▶首先养成出门的习惯

要想把跑步形成习惯，难度提升得过高是不行的。我们先从养成出门的习惯开始吧。

要想让跑步形成习惯，有一个要点是不要一开始就树立很高的目标。至今为止没有养成跑步习惯的人，在养成跑步这个习惯之前，先要养成不管怎样首先要出门的习惯。最开始，把目标定为“早起之后，穿上运动服走出家门”这样容易的事也是很好的。等到将每天出门形成习惯之后，再把跑步本身设定为目标也没关系。只是要注意，如果你觉得累了，那么中途走路也可以。一定不要追求完美。

首先把目标设定得低一些

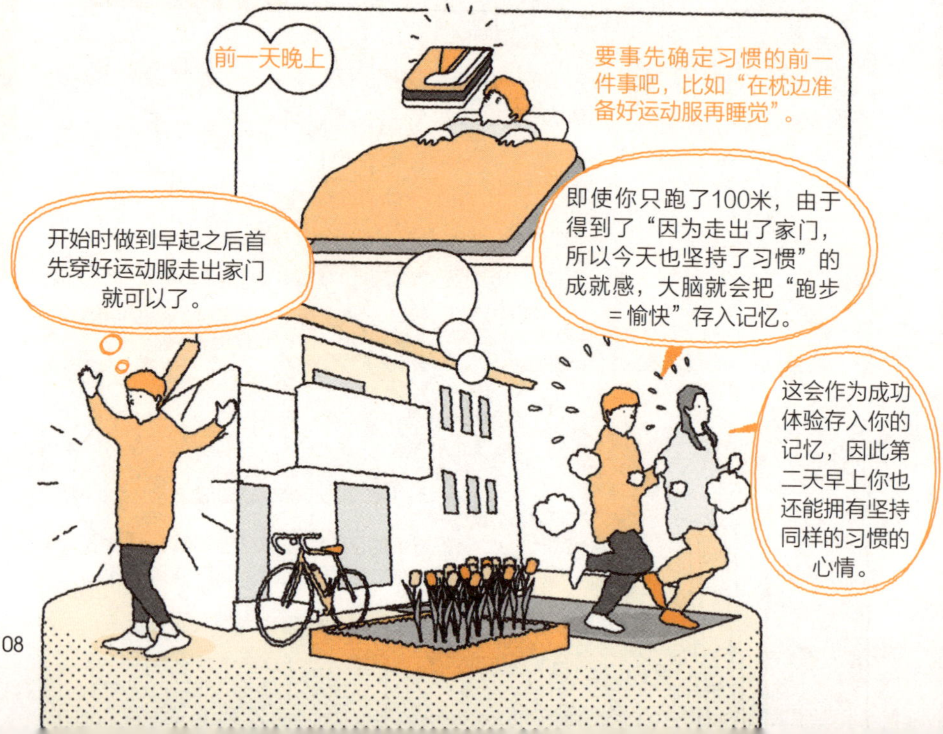

前一天晚上
要事先确定习惯的前一件事吧，比如“在枕边准备好运动服再睡觉”。
开始时做到早起之后首先穿好运动服走出家门就可以了。
即使你只跑了100米，由于得到了“因为走出了家门，所以今天也坚持了习惯”的成就感，大脑就会把“跑步＝愉快”存入记忆。
这会作为成功体验存入你的记忆，因此第二天早上你也还能拥有坚持同样的习惯的心情。

另外，在设定目标时，不要像“我要每天跑5千米”这样设定距离，而是要像“我要每天跑30分钟”这样设定时间，这样会使你更能长久地坚持。在这样的情况下，如果你仍然遇到了无论如何都跑不到30分钟的情况，那就来试试对大脑进行像下面这样的“关于愿望的提问”和“令人恐惧的提问”吧。无论怎样，重要的都是通过向大脑提问，使大脑明确“自己想怎样做”。当你明确了对未来的设想，就能生出“相信我能做到”的力量，这能使你的干劲得以长久地存续。

“关于愿望的提问”和“令人恐惧的提问”

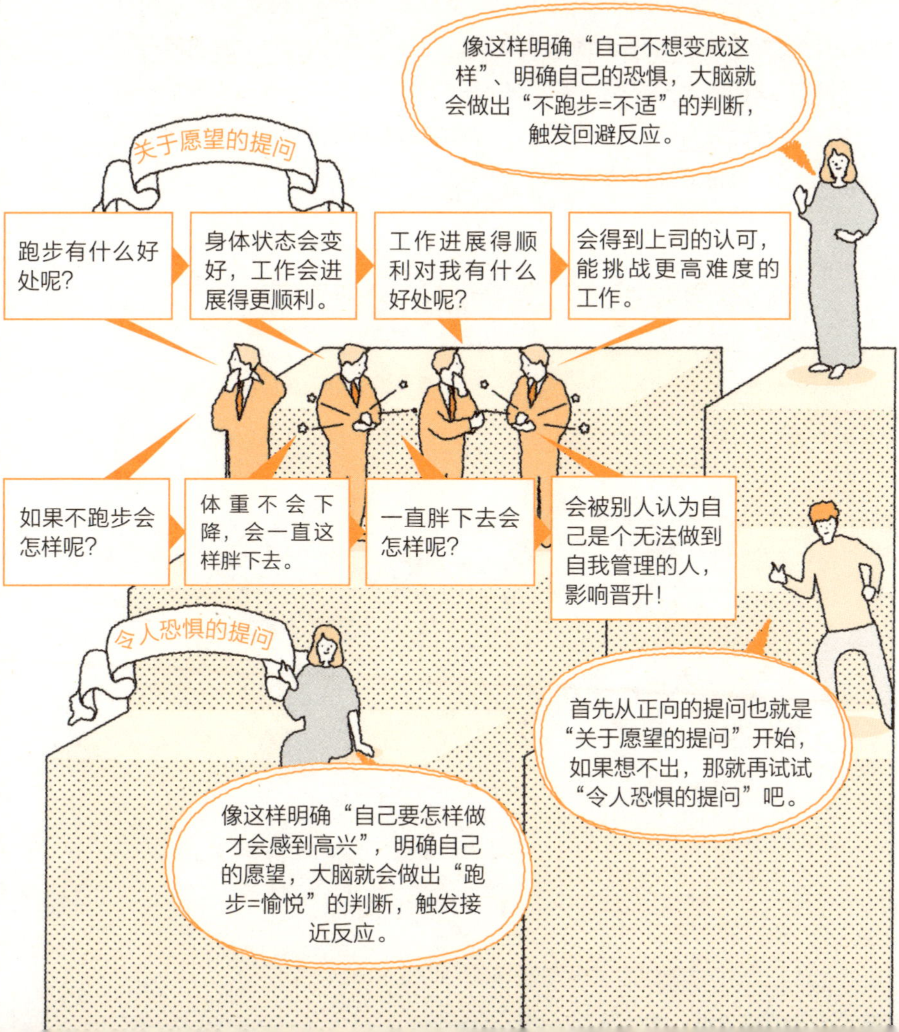
像这样明确“自己不想变成这样”、明确自己的恐惧，大脑就会做出“不跑步=不适”的判断，触发回避反应。
关于愿望的提问
跑步有什么好处呢?
身体状态会变好，工作会进展得更顺利。
工作进展得顺利对我有什么好处呢?
会得到上司的认可，能挑战更高难度的工作。
如果不跑步会怎样呢?
体重不会下降，会一直这样胖下去。
一直胖下去会怎样呢?
会被别人认为自己是个无法做到自我管理的人，影响晋升!
令人恐惧的提问
首先从正向的提问也就是“关于愿望的提问”开始，如果想不出，那就再试试“令人恐惧的提问”吧。
像这样明确“自己要怎样做才会感到高兴”，明确自己的愿望，大脑就会做出“跑步=愉悦”的判断，触发接近反应。

04 坚持好习惯的方法④ 锻炼肌肉 ▶循序渐进地增加次数

起初先暂且降低难度，然后再慢慢地提高，这是将肌肉锻炼形成习惯的窍门。

锻炼肌肉基本上也和跑步一样。不要把难度设定得太高，像是一上来就规定“我每天要做30次腹肌训练”这样，而是规定“只要做1次腹肌训练就可以”，这就是成功的窍门。而且，比起从一开始就把做30次腹肌训练义务化，如果你循序渐进地增加次数，在一个月后达到30次的目标，那时你将获得相当大的喜悦。因为你采取的是类似每次一点一点增加难度的方式，也会让你有玩游戏的感觉，从而能够兴致满满地完成习惯化。不要勉强自己，来慢慢地增加次数吧。

不要勉强自己是锻炼肌肉的窍门

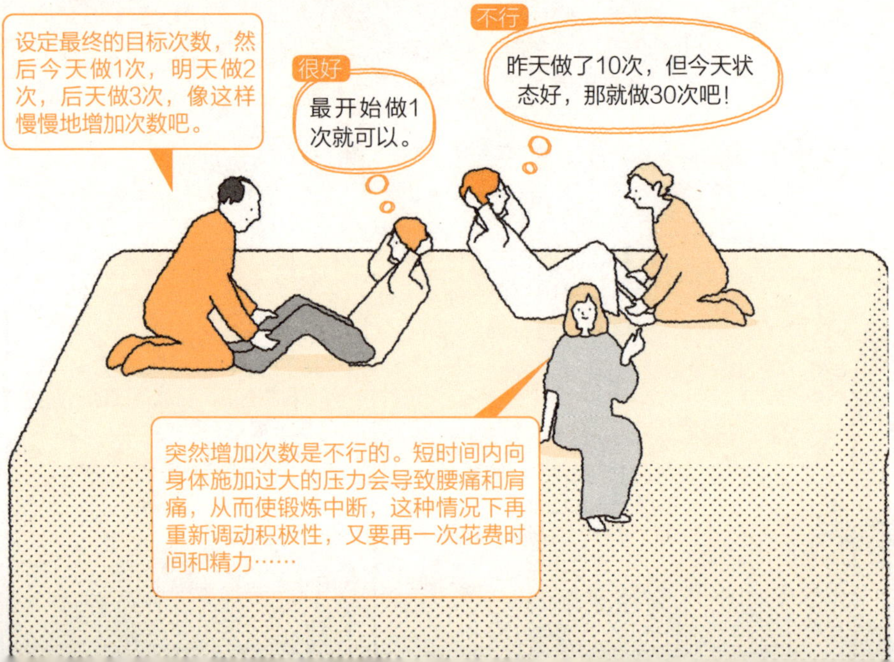
设定最终的目标次数，然后今天做1次，明天做2次，后天做3次，像这样慢慢地增加次数吧。
很好
最开始做1次就可以。
不行
昨天做了10次，但今天状态好，那就做30次吧！
突然增加次数是不行的。短时间内向身体施加过大的压力会导致腰痛和肩痛，从而使锻炼中断，这种情况下再重新调动积极性，又要再一次花费时间和精力……

05 坚持好习惯的方法⑤

博客、电子杂志、社交网络

▶不要只想写好的事情

只想写好的事情，这会成为你无法坚持的原因。“什么都可以，只要写就行”，让我们来像这样想想看吧。

近年来，作为工作和兴趣的信息发布媒体，博客、电子杂志、社交网络等平台的重要程度日益增加。而实际上，如果真的开始尝试，有不少人都没办法长久地坚持下去。要说为什么，那就是因为这些人有着只写好的事情的想法。想要保持这个习惯，那就把观念转变为“什么都可以，只要写就行”吧。通过“先写一行就可以”的规定来降低难度，就能够使你毫不费力地坚持下去。

不逞强好胜才能长久坚持

写博客、写电子杂志、运营社交网络账号等，在这些事情上也要充分降低难度，这样才能使你毫不费力地坚持下去。
如果你想不到要写些什么，那就写一写“自己喜欢什么”“自己生活在怎样的家庭里”等，不要装腔作势，来坦率地表达吧。
先写一行就可以了。
没什么可写的……
虽说有读者在看，但也不要逞强好胜，这就是能够使你长久坚持的要点。
如果从最近发生的事情中找不到可写的内容，那就写一写童年和学生时代发生的事情吧。

06 坚持好习惯的方法⑥ 日记

▶尽可能地降低难度

如果你怎样都无法坚持写日记这个习惯，那就把为了自己而写的动机变成为了某个人而写，这样就能够长久地坚持下去。

如果你想要坚持写日记，那么和其他的习惯一样，请你尽可能地把难度降低。当你规定自己写一行就可以时，无论有多疲惫，无论多么想不出要写些什么，你也都能遵守和自己的约定。这样也没有办法坚持下去的人，就试试把“为了自己”转换为“为了有一天拿给家人看”“为了使重要的人了解自己”，等等，转换为“为了某个人而写日记”吧。

重要的是先继续

说得极端一点，就算只写一个字也没关系。只要你进行了打开笔记本写了些什么的操作，就算完成了“写日记”这件事。
为了妈妈……
如果无论如何都无法坚持，那就把“为了自己”而写变成“为了某个人”而写，这样能使你更容易形成习惯。
今天

如果你觉得自己一个人实在没办法坚持，那么我也推荐你写“交换日记”。当有了要看日记的人，你就不会偷懒，从而能够做到每天写日记。此外，为了养成比起坏事更关注好事的接收信息的习惯，交换日记也能起到一些作用。当你自己心情低落的时候，看到别人写下的“明天也要再加把油”这样积极向上的话语，也会为你带来正向的输入。而如果你为了回应，写下“我也会加油的”这样积极向上的话语，就更是正向的输出。在这样的反复当中，你的大脑就会得到正向的强化。

交换日记的优点

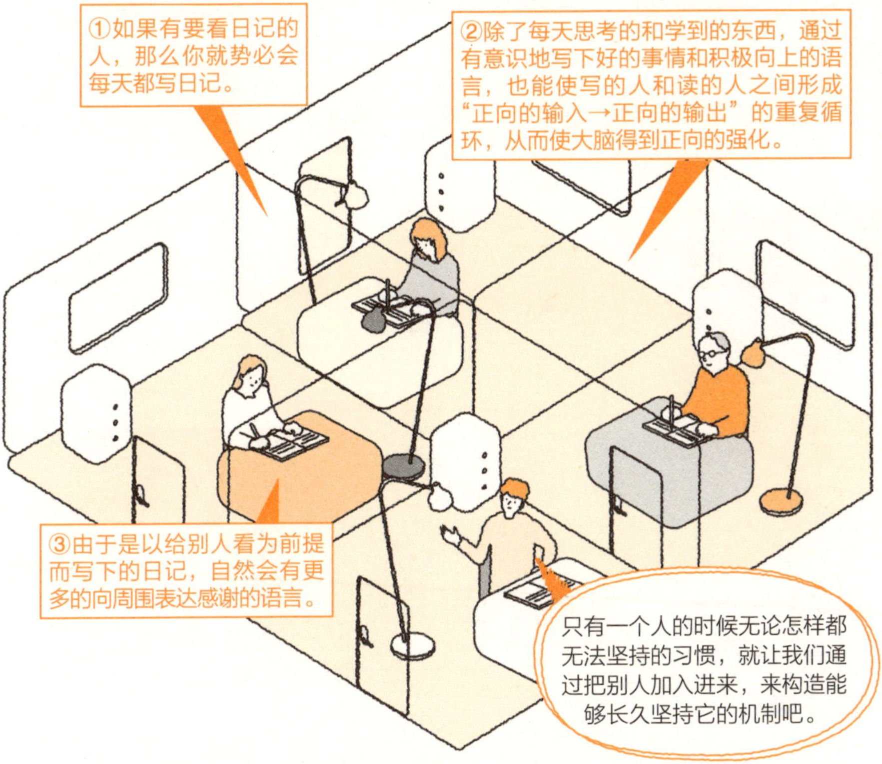
①如果有要看日记的人，那么你就势必会每天都写日记。
②除了每天思考的和学到的东西，通过有意识地写下好的事情和积极向上的语言，也能使写的人和读的人之间形成“正向的输入→正向的输出”的重复循环，从而使大脑得到正向的强化。
③由于是以给别人看为前提而写下的日记，自然会有更多的向周围表达感谢的语言。
只有一个人的时候无论怎样都无法坚持的习惯，就让我们通过把别人加入进来，来构造能够长久坚持它的机制吧。

07 坚持好习惯的方法⑦ 读书

▶每天只要打开书本就可以

如果你是不喜欢读书的人，那就先把“每天都要打开书本”形成习惯，在大脑中留下成功体验的烙印吧。

如果你想要把读书形成习惯，那就和自己做好每天都要打开书本的约定吧。如果你至今为止连打开书本的习惯都没有，那么首先尽可能地把难度降到最低就很重要。如果你实在是不想读，那么把书打开后立刻合上也没关系。不喜欢读书的人，由于曾有过手里拿着的书很无聊、内容理解不了等经历，大脑会做出“读书=不适”的判断，从而使他们变得讨厌读书。

首先养成每天都要打开书本的习惯

首先规定每天都要打开书本。
啪！
首先把开始的第一步，也就是“打开书本”这个行为养成习惯吧。
好，打开了。结束！
接下来规定好“只读最开头的一行”。
真的只读一行就结束也没关系，感兴趣的话继续看个两三行也可以。
只看一行，就会在意下一行写了什么……
实际上当你看了第一行，就会在意接下来的内容。所以像接着读第二行、第三行这样增加行数，也并没有那么困难。
再看一会儿吧……

因此，把“读书=愉快”结合起来才是先决问题。为了让你认为打开书本是很有乐趣的事，书的种类是漫画或是其他什么都没关系。

如果你想要把读书形成习惯，规定“时间”和“地点”会更好。在每天的日常生活中找到某个时段，把“读书时间”安排进来，会使你更容易形成习惯。采用这种方法时也请你关注“习惯的上一件事”。如果你要在通勤电车上和公司里打开书本，那么也必须养成“把书本放进包里”的习惯。能做到这一点的话，就自然能够养成把书本拿在手里并打开的习惯。

规定时间和地点

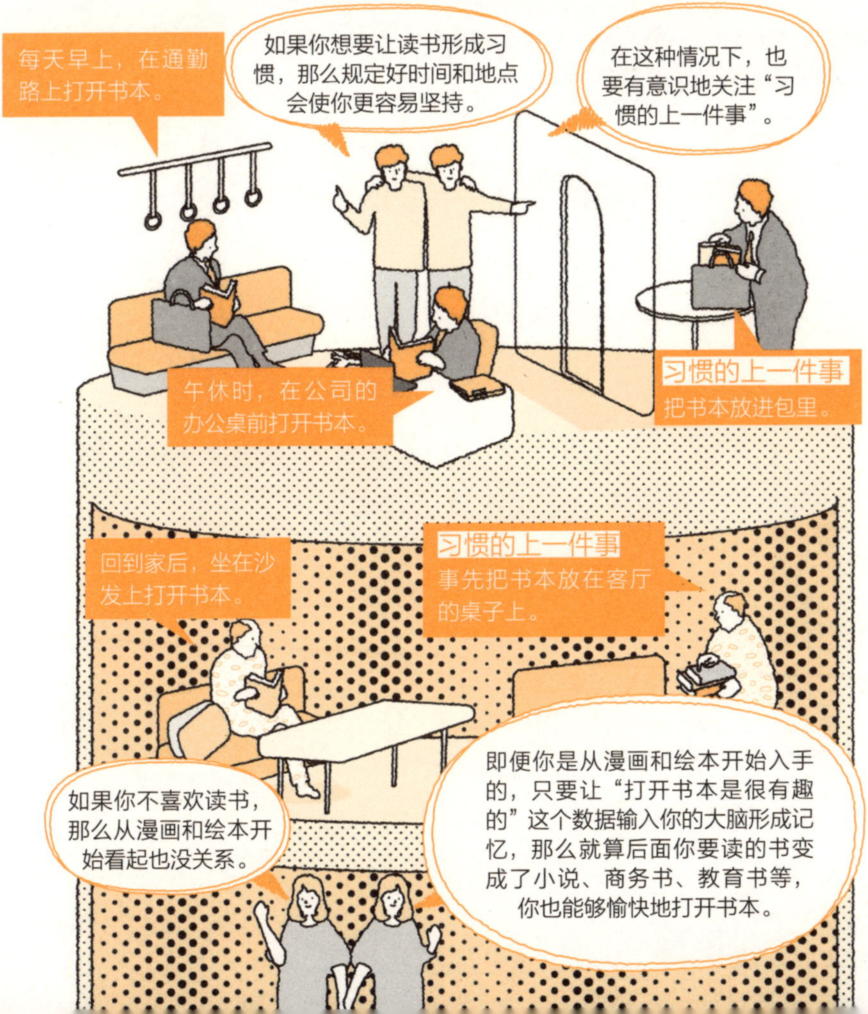
每天早上，在通勤路上打开书本。
如果你想要让读书形成习惯，那么规定好时间和地点会使你更容易坚持。
在这种情况下，也要有意识地关注“习惯的上一件事”。
午休时，在公司的办公桌前打开书本。
习惯的上一件事
把书本放进包里。
回到家后，坐在沙发上打开书本。
习惯的上一件事
事先把书本放在客厅的桌子上。
如果你不喜欢读书，那么从漫画和绘本开始看起也没关系。
即便你是从漫画和绘本开始入手的，只要让“打开书本是很有趣的”这个数据输入你的大脑形成记忆，那么就算后面你要读的书变成了小说、商务书、教育书等，你也能够愉快地打开书本。

关键词 → ☑ 内心期待的形象

08 坚持好习惯的方法⑧ 学习

▶期待未来的自己

如果你想把学习形成习惯，那么首先就来试试在心中描绘出令你期待的未来的自己吧。

面临升学考试时，大部分人都会把“考上哪所学校”当作目标。但是，仅仅这样做是不足以支撑你度过漫长和辛苦的备考复习阶段的。“考上这所学校会怎样呢”，你需要的是描绘出令你内心期待的形象。“如果考上这所学校，我想要做这件事！”这样的想法越是强烈，你就越是能够在漫长的时间里坚持努力学习。

在心中描绘令你期待的未来的自己

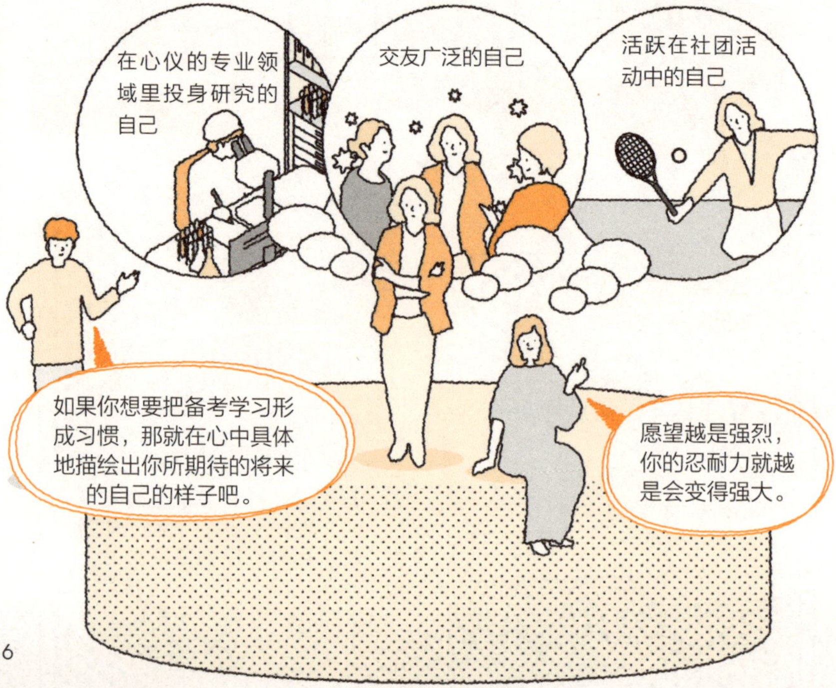
在心仪的专业领域里投身研究的自己
交友广泛的自己
活跃在社团活动中的自己
如果你想要把备考学习形成习惯，那就在心中具体地描绘出你所期待的将来的自己的样子吧。
愿望越是强烈，你的忍耐力就越是会变得强大。

语言以及准备资格考试的学习也是同样。仅仅凭借“学习英语是工作需要”“想要转去外企工作”这样含糊笼统的理由，很难使你长时间坚持学习。你需要做的不是只明确“为了什么”这个目的，而是要从这里出发，具体地对“熟练掌握了英语之后会有哪些令人开心的事情发生”等做出设想，去努力扩大令你期待的愿望。如果愿望能够扩大，那么你能承受的辛苦也能增多，这样就能够使你向着你的梦想埋头努力。

设想“会有哪些令人开心的事呢”

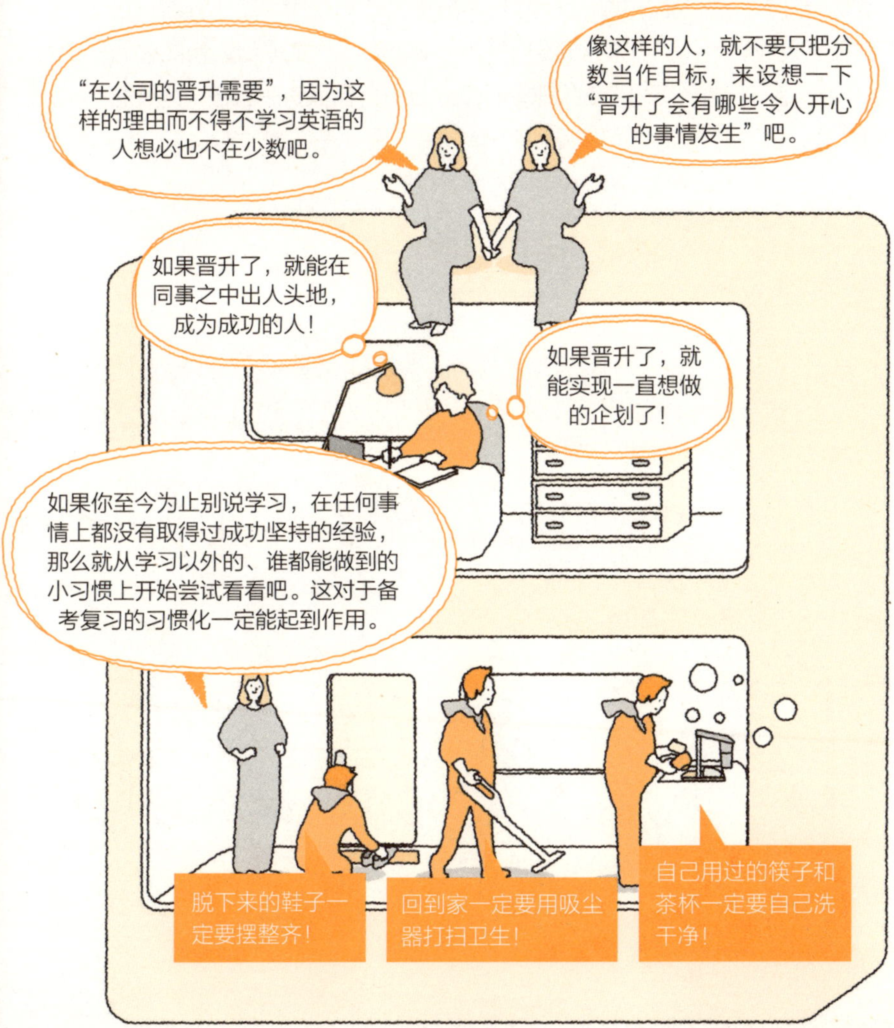

“在公司的晋升需要”，因为这样的理由而不得不学习英语的人想必也不在少数吧。
像这样的人，就不要只把分数当作目标，来设想一下“晋升了会有哪些令人开心的事情发生”吧。
如果晋升了，就能在同事之中出人头地，成为成功的人！
如果晋升了，就能实现一直想做的企划了！
如果你至今为止别说学习，在任何事情上都没有取得过成功坚持的经验，那么就从学习以外的、谁都能做到的小习惯上开始尝试看看吧。这对于备考复习的习惯化一定能起到作用。
脱下来的鞋子一定要摆整齐！
回到家一定要用吸尘器打扫卫生！
自己用过的筷子和茶杯一定要自己洗干净！

09 坚持好习惯的方法⑨ 打扫

▶不要思考，立刻行动

要想把打扫卫生形成习惯，要点就是“立刻去做”和“不要提升难度”这两点。让我们来养成好的习惯，脱离脏乱的房间吧。

不会打扫房间，家里一天到晚到处都乱糟糟的……像这样的人，是由于大脑基于过去的记忆，做出了“打扫=麻烦又不愉快的事”的判断，引起了回避反应。因此，如果你想要把打扫形成习惯，就要在大脑用0.5秒完成“讨厌打扫”的负面思考之前采取行动。没有回到家再去犹豫“今天要不要打扫一下”的空闲，请你从一打开家门进入玄关开始就立刻行动吧。

形成打扫习惯的窍门

不要想着“要把家里打扫得闪闪发亮”，去做一做像“就只收拾三个垃圾”“就只开五分钟吸尘器”这样简简单单就能做到的事吧。
赶在大脑做出“打扫=不愉快”的判断之前，从到家的一刻起就立即开始行动吧。
这就是第三个了。完成!
啪嗒!
唰!
②降低难度。
①从进到玄关开始就立刻打扫。

把面前的垃圾收拾掉，拿出吸尘器等，无论是什么动作都可以，立刻付诸行动吧。另一件重要的事，就是不要想着“要把家里打扫得闪闪发亮”。如果你把难度提升得太高，又会立刻就开始讨厌打扫。“就只收拾三个垃圾”“就只开五分钟吸尘器”，等等，规定自己只做这样简简单单就能做到的事就可以了。

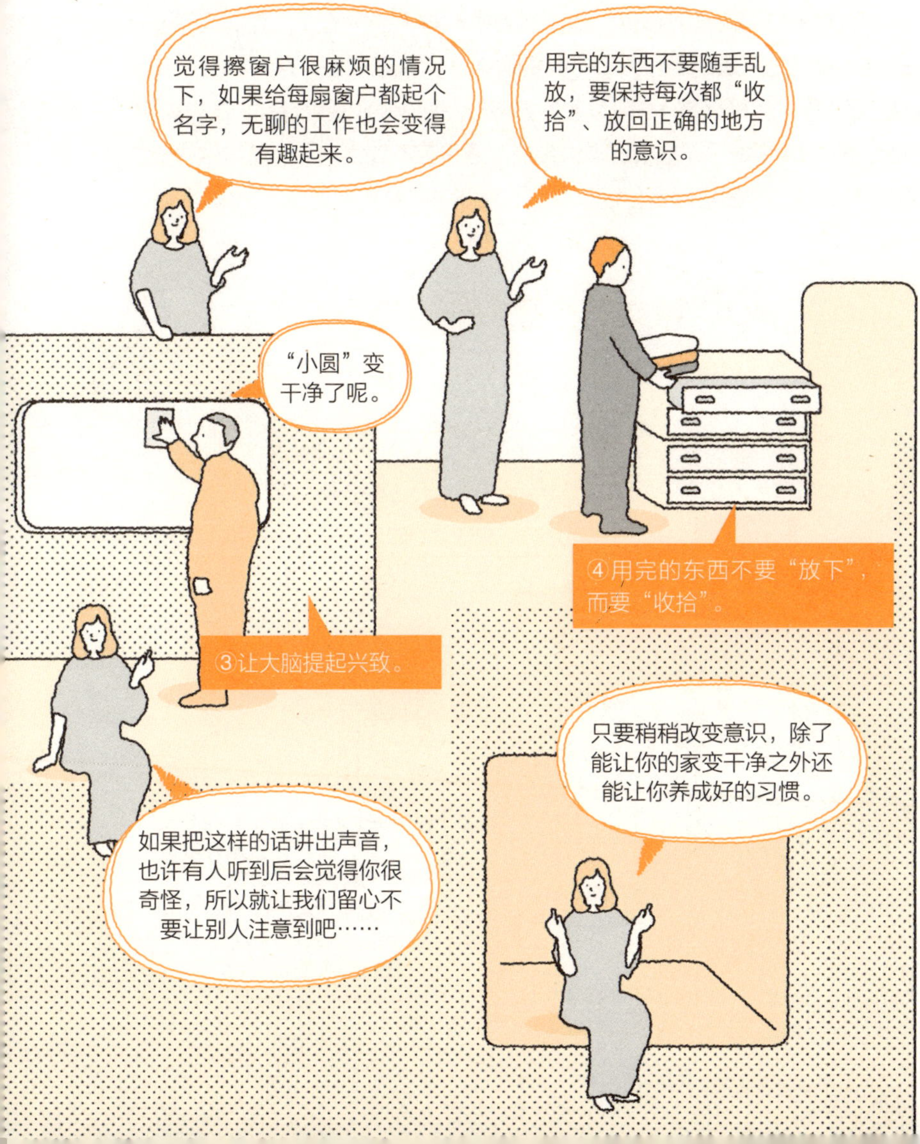
觉得擦窗户很麻烦的情况下，如果给每扇窗户都起个名字，无聊的工作也会变得有趣起来。
用完的东西不要随手乱放，要保持每次都“收拾”、放回正确的地方的意识。
“小圆”变干净了呢。
④用完的东西不要“放下”，而要“收拾”。
③让大脑提起兴致。
只要稍稍改变意识，除了能让你的家变干净之外还能让你养成好的习惯。
如果把这样的话讲出声音，也许有人听到后会觉得你很奇怪，所以就让我们留心不要让别人注意到吧……

10 坚持好习惯的方法⑩ 存钱 ▶建立三个账户

如果想要把存钱形成习惯，那就来建立“普通储蓄”“目标储蓄”“智慧储蓄”这三个账户吧。

明明没有乱花钱的打算，却存不到钱。对于这样的人，我推荐你建立三个账户，分别是用于存入每个月的收入的“普通储蓄”账户、用于某些特定目的的“目标储蓄”账户以及不打算轻易取出的“智慧储蓄”账户。“手头宽裕了就存钱吧”，抱着这样含糊的想法是存不到钱的。而通过这样的方式，清楚地为储蓄冠以名称赋予意义，就能够扎扎实实地存下钱来。

建立三个账户的意义

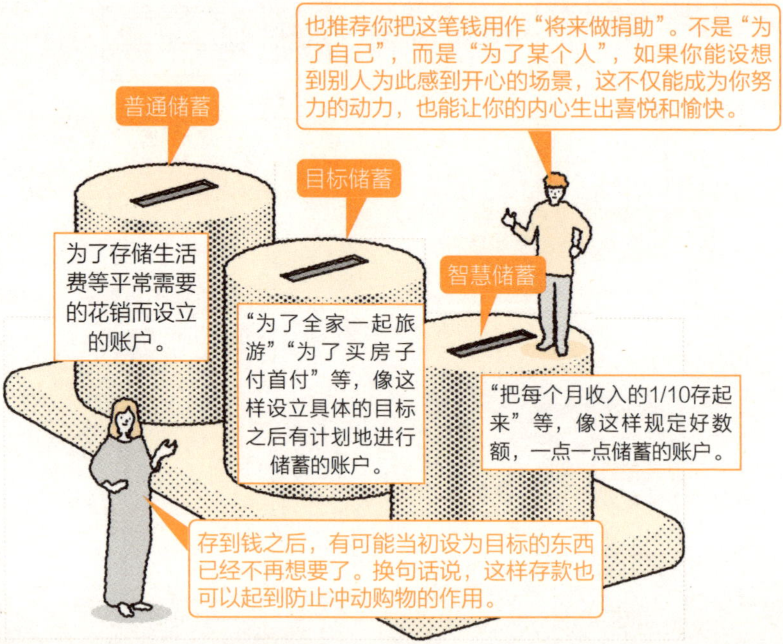
也推荐你把这笔钱用作“将来做捐助”。不是“为了自己”，而是“为了某个人”，如果你能设想到别人为此感到开心的场景，这不仅能成为你努力的动力，也能让你的内心生出喜悦和愉快。
普通储蓄
目标储蓄
智慧储蓄
为了存储生活费等平常需要的花销而设立的账户。
“为了全家一起旅游”“为了买房子付首付”等，像这样设立具体的目标之后有计划地进行储蓄的账户。
“把每个月收入的1/10存起来”等，像这样规定好数额，一点一点储蓄的账户。
存到钱之后，有可能当初设为目标的东西已经不再想要了。换句话说，这样存款也可以起到防止冲动购物的作用。

11 坚持好习惯的方法⑪ 家人

▶表达感谢

如果你觉得和家人之间的距离变得疏远了，那么就首先养成向家人说“谢谢”的习惯吧。

在家庭关系中，我们总是容易不自觉地把任何事情都视作“理所当然”。“妻子操持家务抚育孩子是理所当然的”“丈夫在外赚钱养家是理所当然的”，当人们养成了这样的思考习惯，就会对对方的感谢之情变得淡薄，和家人之间的距离变得疏远。如果你觉得“我家也是这种氛围”，那么就从今天开始，养成对家人说“谢谢”的习惯吧。通过持续表达你的感谢，有一天对方也会把感谢之情回报到你这里，使双方产生相互珍爱之心。

坚持每天用不同的方式说“谢谢”

不要只是和对方说“谢谢”，要表达出是对什么事表示感谢，这样说出的“谢谢”才更能打动对方。
谢谢你帮我晒被子！
谢谢你为我打扫浴缸！
谢谢你早早起床为我做早饭！
通过维持这个习惯，不仅能让你把感谢之情传达给对方，也能让你注意到“原来他每天都为我做了这么多事啊”。

12 坚持好习惯的方法⑫ 育儿 ▶进行正向的提问

家长对孩子说的话，会形成孩子的思考习惯。让我们多多注意，在提问的时候常常使用积极的语言吧。

孩子的思考习惯，是由家长的语言、表情、动作等输入到孩子大脑中的内容塑造而成的。当家长把“真没用啊”这样的话挂在嘴边，教养出的孩子也会被“我是个没用的孩子”这样的想法洗脑。因此，当你想要把“不行！”说出口时，就改用“你认为怎样才能顺利进行呢？”这样积极的语言来提问吧。这样一来，孩子的大脑就会为了做出积极的回答，而拼命思考能够使事情顺利进行下去的方法。

“快去学习”会起到反效果

对不喜欢学习的孩子说“快去学习”，不管不顾地强迫他们去学，也并不会取得很好的效果。
快去学习！
我不想去！
这是因为讨厌学习的孩子，大脑中已经存在了过去“学习=不愉快”的数据。
今天也来努力成长吧！
嗯，我知道了！
妈妈也正要看书呢，咱们一起成长吧！
嗯！
家长用行动来表示也会很有效。
不要使用“学习”这个词，而要换成“成长”“进步”等积极的语言，这样做也能避免引起孩子的“回避反应”。

13 坚持好习惯的方法⑬ 自己的内心 ▶发现积极的一面

养成每天在笔记本上记下三件幸福的事的习惯，你无论遇到什么事都能看到它积极的一面。

近年来，在心理健康方面出现问题的人越来越多。工作和人际关系带来的压力攒了又攒，最终压垮了人们的意志。这样的事今后也很难完全避免。而为了保持心理的健康，我们在第4章介绍过的把“在通勤途中遇到的喜悦之事”“在职场上遇到的开心事”“在家庭中获得的幸福感”这三件事写在笔记本上记录下来的习惯会很有效。这就是所谓的“寻找好的一面”的习惯，因此再遇到任何事，你都能看到它积极的一面。让我们有意识地把目光转向“喜悦”“快乐”“幸福”吧。

把“寻找好的一面”养成习惯

如果只看事情不好的一面，就会一味地积攒压力……
竟然要把我下放到子公司去，简直太离谱了！
我要在子公司的新设重点项目里挑大梁了！
因此，看待任何事情时有意识地把目光转向好的一面是很重要的。

14 坚持好习惯的方法⑭ 人际关系 ▶首先改变自己

即使你想要改变人际关系，也很难去改变对方。那么这样一来，就只有改变自己的言行了。

想要构建圆满的人际关系，为了对方着想的习惯是必不可少的。当你考虑到“要怎样他才会开心呢”“要怎样才能帮上他呢”，就会自然而然地输出使对方令人感到愉悦的语言和表情。这其中的代表就是表达“谢谢”的语言。相信也有人认为“对着讨厌的人，才不想说什么谢谢呢”。但是，我们是没有办法改变对方的。想要改变人际关系，就只有改变你自身的言行举止。

能够改善人际关系的习惯

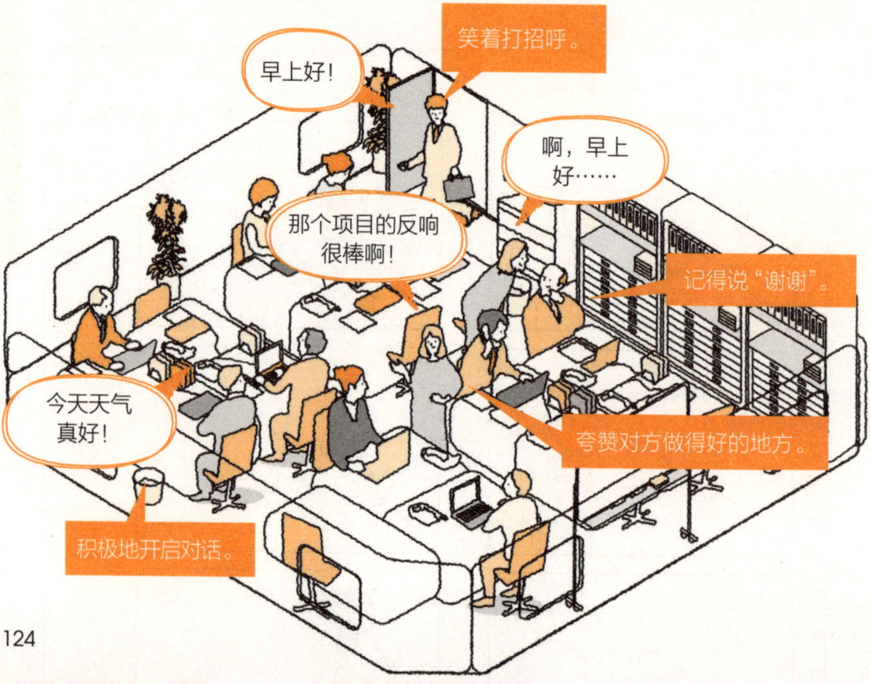
笑着打招呼。
早上好！
啊，早上好……
那个项目的反响很棒啊！
记得说“谢谢”。
今天天气真好！
夸赞对方做得好的地方。
积极地开启对话。

讨厌一个人，对你是不会有任何好处的。仅仅是说对方的坏话，或是在脑子里琢磨这件事，就会让你的大脑不断地重复进行负面的输出和输入。这样下去，你就会不自觉地把对对方的讨厌表现在自己的言行中，从而导致你们双方都越来越讨厌对方。虽说如此，但你也没有必要勉强自己喜欢上对方。“讨厌”这种负面的想法是没有办法被消除的，那么只要改变语言和表情、动作等输出的内容就可以了。只是这样做，就足以使你的人际关系朝着好的方向改变了。

使人际关系好转的正向输出

就算心里讨厌着某个人，也试试去笑着跟他打招呼，夸赞他做得好的地方……
因为讨厌对方而总说别人坏话，自己的大脑中也会不断重复负面的输出和输入……
!
早上好!
对方的态度也会自然而然地产生变化。
讨厌鬼来了……
早上好!
这当然会导致你和对方的关系进一步恶化下去……
又是这家伙啊……
啊，早上好……
烦躁
不要去改变你改变不了的东西，而是要从可以改变的地方入手。这就是塑造改善人际关系的习惯的方法。

15 坚持好习惯的方法⑮ 工作

▶前一天晚上确认计划

在工作能力较强的人中，大多数人都不仅仅只是关注眼前的业务，而是把多多关注“习惯的前一件事”形成了习惯。

如果你想要成为工作能力很强的人，那就多多关注习惯的前一件事吧。如果你想要从早上开始就全力以赴开始工作，我推荐你养成前一天晚上确认明天的计划的习惯。提前确认明天要做的事，不仅能使你完成高效率的规划，也能使你的工作得到顺利的推进。如果在大脑的黄金时间，也就是睡前的10分钟里确认明天的计划，就更能让你的右脑对未来进行清

思考后实行习惯的前一件事

通过在前一天晚上提前确认好明天的计划，能使你避免忘带东西，并对要做的事查漏补缺。
我原以为今天是要早上10点碰面的，原来是9点啊……
没有资料就没有办法工作，偏偏我还把资料忘在家里了……
明明和那位客户约好了要带着样品去见他的，一着急就忘在公司了……

晰的设想和描绘。

通过关注习惯的前一件事，你在各种各样的工作中都能够提高质量和效率。“在前一天把公司的办公桌收拾好”“提前整理预约对象的联系方式”，等等，无论你在做什么工作，都会有各种各样提前做好就能使你第二天的工作进行得更加顺利的事。为了提升工作的质量和效率，让我们来思考自己能做到的习惯的前一件事，并用心将它付诸实践吧。

如果能够通过在前一天晚上确认明天的计划而对预约对象的形象产生设想，那么也一定能提高销售工作顺利进行的概率。
那位客户说过想要最新版的商品目录，如果明天我带过去，他应该会很高兴的。
比起“为了自己”，当你“为了某个人”时，大脑更能加倍努力，因此你将能够以更高的积极性来工作。
前一天把公司的办公桌收拾好再回家。
提前把明天要穿的鞋子擦干净。
对于初次拜访的客户，事先确认好访问细节。
作为“习惯的前一件事”，还有其他很多能做的事。
把展示报告要用到的资料提前在包里放一份。
提前准备好客户要求过的样品。

16 坚持好习惯的方法⑯ 培养下属

▶调动对方的大脑

如果你一味地进行负面的输出，下属是不会成长的。常常留心进行正面的输出，你的下属和团队都会奋勇争先。

如果你想要促进下属的成长，让他拿出干劲，那么调动对方的大脑是很有必要的。大脑只凭借“这是正确的”一个理由，是没办法做到坚持一件事的。只有当大脑认为“愉快”时，才能够坚持。因此，当你指导下属的工作时，不要用“这样做才是对的”“必须这样做”来进行说教，而要教他“这样做更愉快”，这才是正解。

教导下属“这样做更愉快”

例如对于销售岗位……
如果我们公司的商品能打败竞争对手的商品，把店里的货架都摆满，一定会很令人热血沸腾吧！
目标销售额是一定要完成的，你也加油吧！
如果能激起下属的斗志，后面不用一直鼓励，下属也会为了实现“把店里的货架都摆满我们公司的商品”的设想而全力奋斗的。
很好
不行

此外，请你回想一下，自己有没有在无意识的情况下对下属进行过“连这种事都做不到吗”“你真没用啊”等负面的输出呢。这种输出会原原本本地输入下属脑海，使他产生“我做不到”“我真没用”的负面想法。如果你想要使下属得到成长，那就要多加注意，作为领导自己要对下属进行表扬等正面的输出。

对下属的正确表扬方式

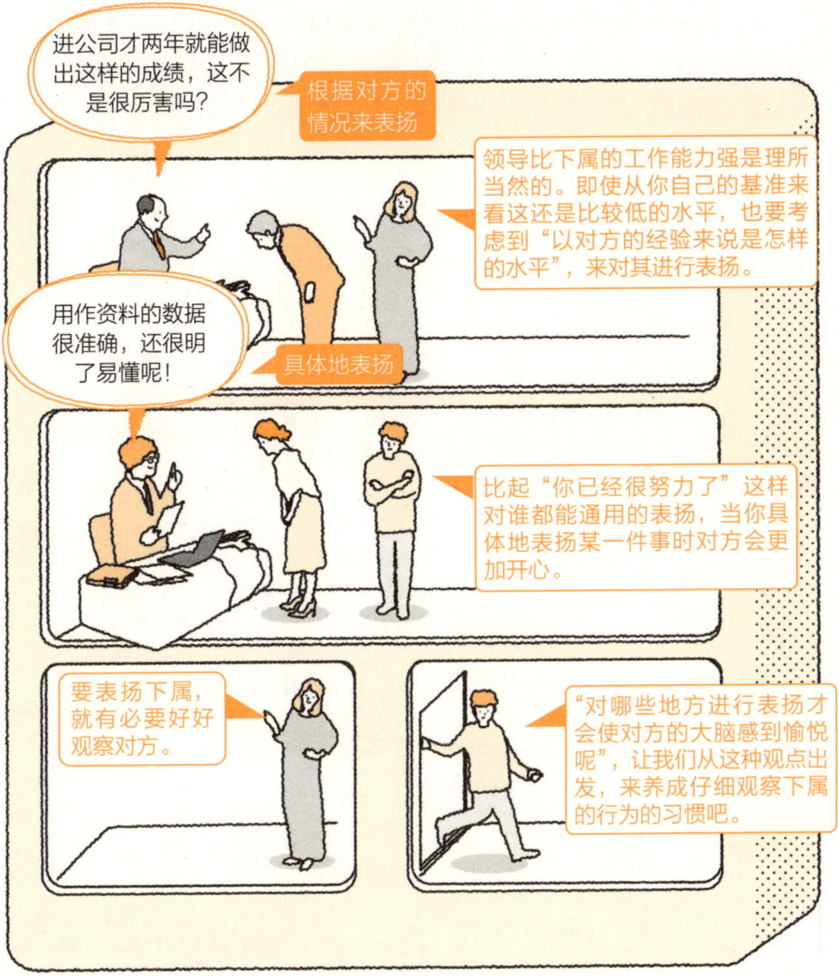

进公司才两年就能做出这样的成绩，这不是很厉害吗?
根据对方的情况来表扬
领导比下属的工作能力强是理所当然的。即使从你自己的基准来看这还是比较低的水平，也要考虑到“以对方的经验来说是怎样的水平”，来对其进行表扬。
用作资料的数据很准确，还很明了易懂呢!
具体地表扬
比起“你已经很努力了”这样对谁都能通用的表扬，当你具体地表扬某一件事时对方会更加开心。
要表扬下属，就有必要好好观察对方。
“对哪些地方进行表扬才会使对方的大脑感到愉悦呢”，让我们从这种观点出发，来养成仔细观察下属的行为的习惯吧。

17 坚持好习惯的方法⑰ 经营、销售

▲输出想法

信赖和感谢之心是经营和销售的基础。只要你在此之上多加努力，就能够吸引到周围的人。

在从事经营和销售工作的人当中，能做到提高销售额的人，几乎无一例外地抱有对本公司商品的信赖和对公司的感恩之情。相信自己经营的商品是有益于社会的，对同公司的职员们抱有感谢之情，如果能做到这两点，无论是谁都能把业绩提高上去。业绩总也上不去的人常常有着“定额摆在这里，不卖不行”的想法。

业绩好的销售员与业绩差的销售员之间的差别

这个产品可是个好东西。所以我想让更多顾客使用它！
开发部门和生产部门的人辛辛苦苦做出来的产品由我来负责销售了，那我要争取不断地拿到订单！
业绩好的销售
是否有对公司的感恩之情
是否有对本公司商品的信赖
这种东西真的能卖出去吗……
业绩差的销售
这种产品就算硬要卖也不可能卖出去。感觉只有我这个销售在辛苦干活……

要想提高业绩，很重要的一点是要及时把客户的评价和反应反馈给公司，“市场反馈回来的意见是这样的，我们讨论一下改良方案吧”，要像这样对开发部门和生产部门做出提案。但是，这么做的前提条件是你自己本身要在公司内得到认可。也就是说，首先你必须要认真对待自己眼前的工作。在此之上，通过语言和行动输出你的所思所想，就能成功地吸引到来自周围的协助和支持。

我想让产品变得更好！我去跟开发部门和生产部门的人商量一下试试吧。
顾客那边提出了这样的意见，我们讨论一下改良的问题吧。
这样啊，那就讨论一下吧。
当你输出“我想让产品变得更好”的想法时，这种想法就会输入周围人的大脑，使大家一起开始思考“要怎样做才能使产品变得更好”。
和周围的关系
气呼呼
为了增长营业额要做的努力
卖不出去都是产品的问题……
难道不是因为你自己不够努力吗？
我们公司做出来的产品品质一般，评价也不怎么好，我再努力也没什么用……
如果你有想要改变的事，不要总是牢骚满腹，用语言和行动来输出你的想法吧。

18 改正坏习惯的方法① 烟、酒

▶让大脑觉得不适

明知道对身体不好，却总也戒不掉抽烟和喝酒。如果你想要做出改变，那就把“不适”的数据刻录在你的大脑上吧。

你不能戒烟的原因，是大脑认为“抽烟=愉悦”，引起了接近反应。因此，我们首先可以尝试在想要抽烟时不要立刻就去抽。通过先拖一段时间的方式，防止自己把“想抽烟”这种想法立刻付诸行动。这种情况下，如果你还是去抽烟了，那就说一句“啊，味道真糟糕”吧。这样一来，大

进行负面的输出

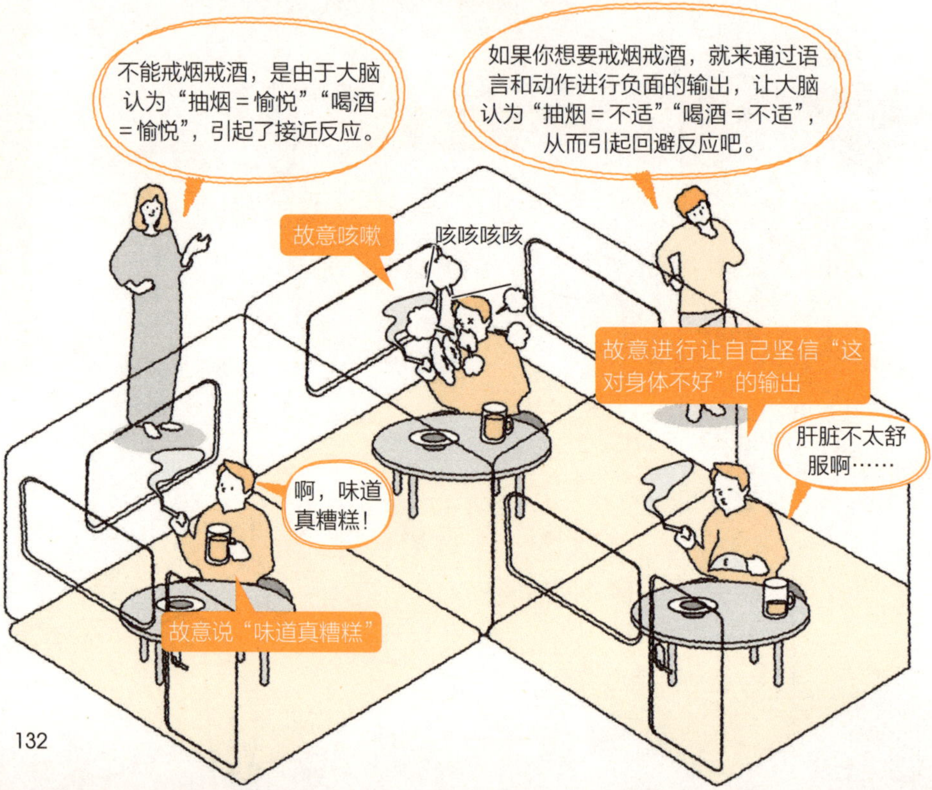
不能戒烟戒酒，是由于大脑认为“抽烟 = 愉悦”“喝酒 = 愉悦”，引起了接近反应。
如果你想要戒烟戒酒，就来通过语言和动作进行负面的输出，让大脑认为“抽烟 = 不适”“喝酒 = 不适”，从而引起回避反应吧。
故意咳嗽
咳咳咳咳
故意进行让自己坚信“这对身体不好”的输出
肝脏不太舒服啊……
啊，味道真糟糕！
故意说“味道真糟糕”

脑就会被写入“抽烟=不适”的数据，从而对抽烟产生回避反应。

想要戒酒也是一样。只要能让大脑相信“酒味很糟糕”“酒对身体不好”的输出，就能引起大脑对酒的回避反应。所谓戒烟、戒酒，指的是“今天也没有抽烟”“今天也没有喝酒”这样的状态得到了持续。请你一定要铭记，养成“今天也没有做某件事”的习惯，并一点一点踏踏实实地坚持下去，这才是最重要的。

养成“今天也没有做某件事”的习惯

戒烟这件事，并不是说你只要今天没有抽烟就可以了。
今天忍住了，明天又去抽的话，这就不算是戒烟成功了。
加油啊！
就是就是！
我都已经坚持100天了，抽一根也可以吧……
今天也没有抽烟。明天我也要这样度过！
即使过去的 100 天里你都忍住了没有抽烟，只要第 101 天你抽了，就不算戒烟成功。

19 改正坏习惯的方法② 赌博

▶向自己提问

明知道会亏本，却还是忍不住要继续，这就是赌博的特点。但是，请你一定不要忘记，人生还有很多很重要的东西。

如果你想要戒掉赌博的恶习，“令人恐惧的提问”会起到很好的效果。例如向自己提问，“如果我继续去赌博，会怎么样呢？”这样一来，你就会得出“和家人完全没有时间相处”的答案。接下来再向自己提问“和家人没有时间相处，又会怎么样呢？”就会得出“没法做到倾听家人的烦恼，最坏的情况下，可能会妻离子散……”的答案。要想远离赌博，重要的是你要通过向自己提问，来让自己想起你所珍视的东西。

关于愿望的提问也会很有效

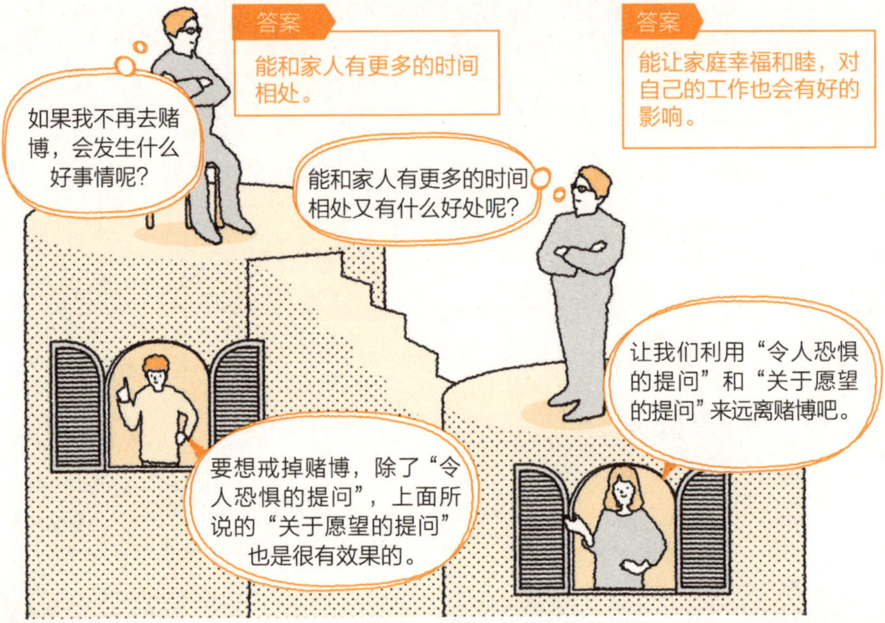
答案
能和家人有更多的时间相处。
答案
能让家庭幸福和睦，对自己的工作也会有好的影响。
如果我不再去赌博，会发生什么好事情呢？
能和家人有更多的时间相处又有什么好处呢？
让我们利用“令人恐惧的提问”和“关于愿望的提问”来远离赌博吧。
要想戒掉赌博，除了“令人恐惧的提问”，上面所说的“关于愿望的提问”也是很有效果的。

20 改正坏习惯的方法③ 暴饮暴食 ▶改换语言，做表情

如果你想要避免暴饮暴食，可以利用语言和表情，来引起大脑的回避反应。

想要避免暴饮暴食，你可以来试试给面前的食物起一些会让大脑想要回避的名字。例如要吃蛋糕时，就说“我现在要吃糖分和油脂的混合物了”。坚持这样做，就会引起大脑的回避反应，为你暴饮暴食的行为踩下刹车。此外，你还可以利用表情来叫停。如果你想少吃些甜食，那就在吃甜食的时候故意做出不高兴的表情。这样巧妙利用语言和表情，大脑就会形成“甜食=不快”的印象。

利用语言和表情为大脑踩下刹车

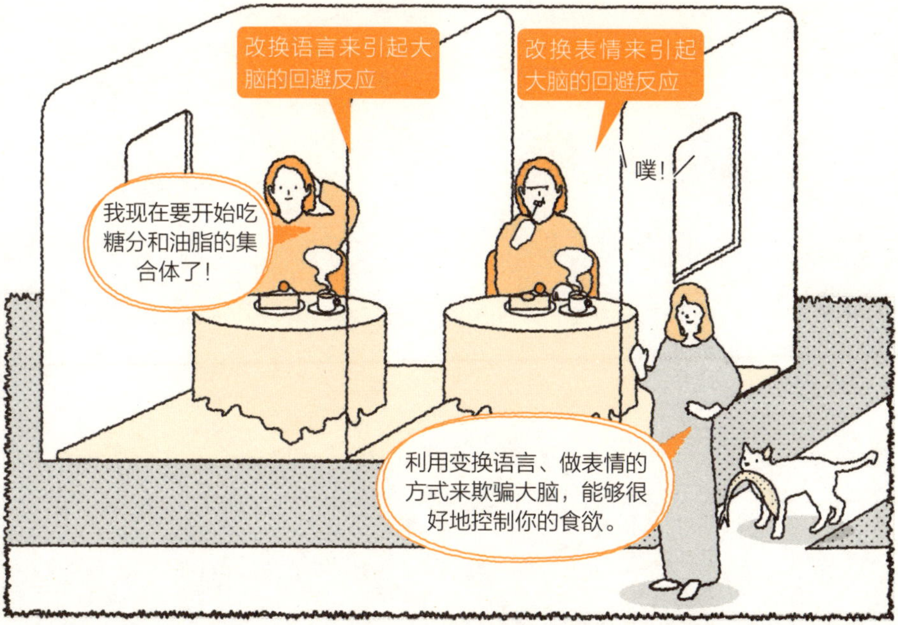

改换语言来引起大脑的回避反应
改换表情来引起大脑的回避反应
我现在要开始吃糖分和油脂的集合体了！
噗！
利用变换语言、做表情的方式来欺骗大脑，能够很好地控制你的食欲。

21 改正坏习惯的方法④ 游戏、手机

▶培养其他习惯

游戏和手机不断地吞噬着我们本该更有意义的时间。如果你想改变这种情况，那就来试试给它们换个叫法吧。

当你想避免过多地打游戏、玩手机时，尝试换个说法会很有效果。举个例子，你可以把游戏改叫作“幼稚的玩意儿”，把手机改叫作“时间小偷”，试试看像这样更换说法会发生什么。人们也许会想玩游戏，但大概很少会有人想玩“幼稚的玩意儿”吧。像这样把语言更换为会引起大脑的回避反应的说法，就能够让你逐渐地做到和游戏、手机保持距离。

把语言改换为会引起大脑的回避反应的说法

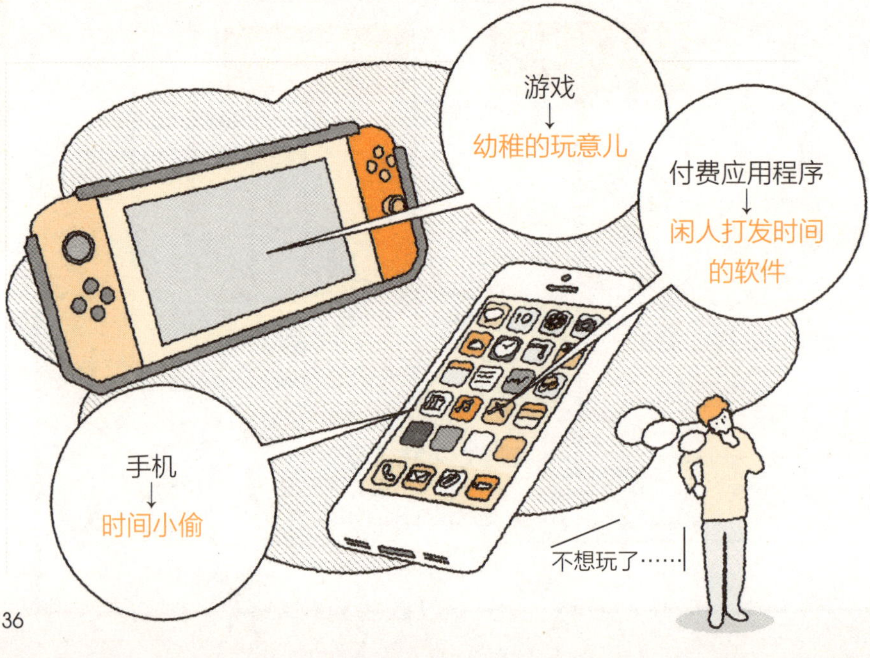
游戏
↓
幼稚的玩意儿
付费应用程序
↓
闲人打发时间的软件
手机
↓
时间小偷
不想玩了……

如果你不想打游戏、玩手机，培养其他习惯也是一种方法。很多人都是在通勤或上下学的地铁上，不自觉地就开始打游戏、玩手机。那么如果你开始培养在地铁上读书、看英语教材的习惯，就不会再有打游戏和玩手机的空闲了。对于一旦无事可做就会把手伸向游戏和手机的人们，可以试试规定自己做些别的事情来代替游戏和手机。

规定自己做些别的事情来代替游戏和手机

写小说、写诗等，进行创作活动
写日记和博客
锻炼肌肉
把在通勤途中或在家里花费在游戏和手机上的时间，用在养成读书、学习等的习惯上，把这些时间变得更有意义！
练习演奏乐器
读书
进行职业资格和外语方面的学习

22 改正坏习惯的方法⑤ 购物

▶不要极度忍耐

过度沉迷购物，可能会使你面临经济拮据的状况。而利用对自己提问的方法，可以使你远离过度的购物行为。

有个词语叫作“购物依赖症”，就像它所表达的，过度的购物行为是一种一旦陷进去就很难自拔的、麻烦的习惯。虽说购物是生活中必不可少的行为，但也正因为必不可少，人们才很难在“必要的购物”和“过度的购物”之间划清界限。如果你想要避免过度的购物行为，就先试试“令人恐惧的提问”和“关于愿望的提问”吧。

令人恐惧的提问和关于愿望的提问（购物版）

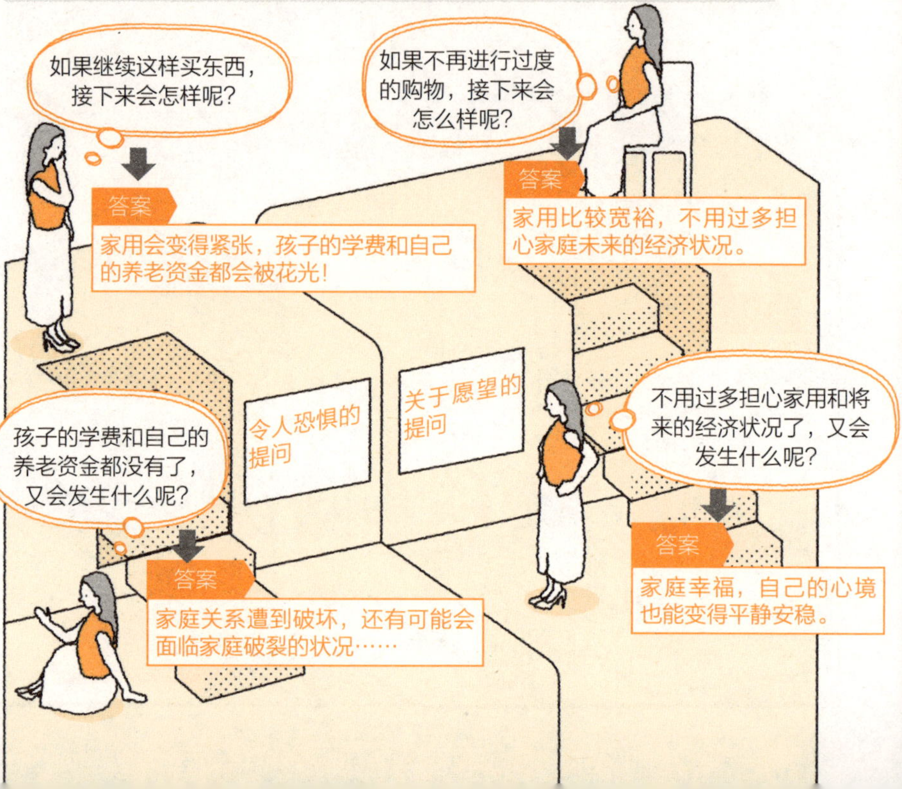

如果继续这样买东西，接下来会怎样呢？
答案
家用会变得紧张，孩子的学费和自己的养老资金都会被花光！
孩子的学费和自己的养老资金都没有了，又会发生什么呢？
答案
家庭关系遭到破坏，还有可能会面临家庭破裂的状况……
令人恐惧的提问
关于愿望的提问
如果不再进行过度的购物，接下来会怎么样呢？
答案
家用比较宽裕，不用过多担心家庭未来的经济状况。
不用过多担心家用和将来的经济状况了，又会发生什么呢？
答案
家庭幸福，自己的心境也能变得平静安稳。

要想减少过度的购物行为，还有别的方法。那就是通过养成记录家庭收支的习惯，来看看自己到底用掉了多少钱，掌握自己的支出情况。另外，你也可以通过有意识地存钱，把购物带来的快乐转换为存钱带来的快乐。但是，如果控制购物的行为过于极端，可能反而会为你带来压力。因此不要从一开始就把难度上升得很高，不要极度忍耐，而是要一边享受适度购物的快乐，一边逐渐地减少过度的购物行为。

减少过度的购物行为的方法

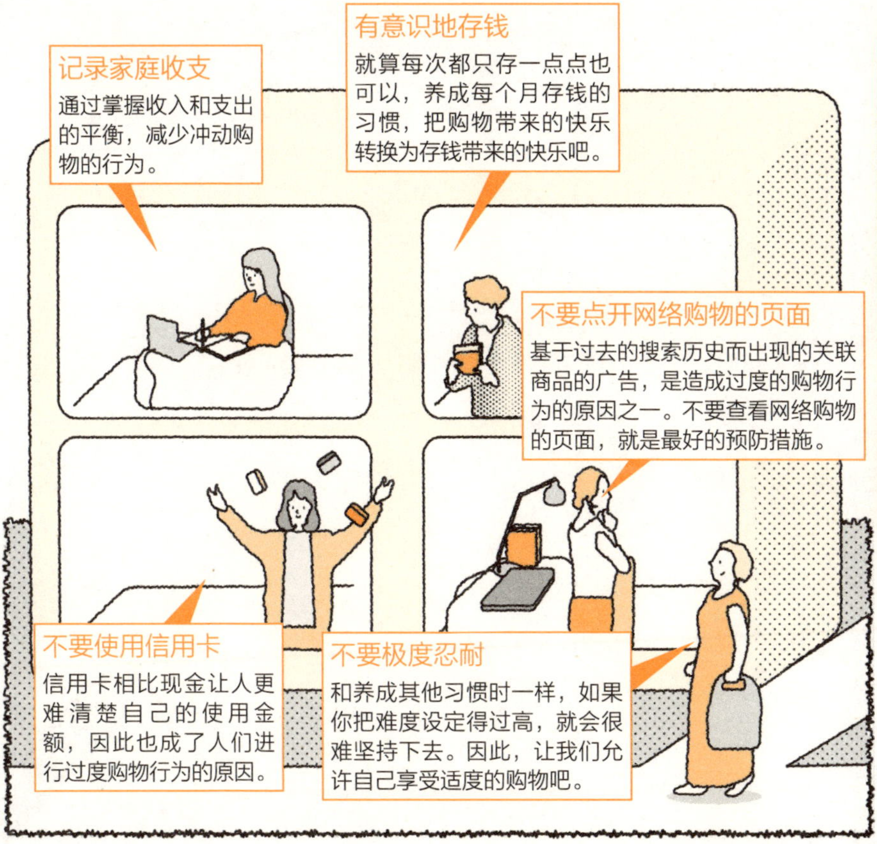
记录家庭收支
通过掌握收入和支出的平衡，减少冲动购物的行为。
有意识地存钱
就算每次都只存一点点也可以，养成每个月存钱的习惯，把购物带来的快乐转换为存钱带来的快乐吧。
不要点开网络购物的页面
基于过去的搜索历史而出现的关联商品的广告，是造成过度的购物行为的原因之一。不要查看网络购物的页面，就是最好的预防措施。
不要使用信用卡
信用卡相比现金让人更难清楚自己的使用金额，因此也成了人们进行过度购物行为的原因。
不要极度忍耐
和养成其他习惯时一样，如果你把难度设定得过高，就会很难坚持下去。因此，让我们允许自己享受适度的购物吧。

自学笔记

自学笔记

习惯
养成笔记

第6章

拓宽人生的习惯养成术

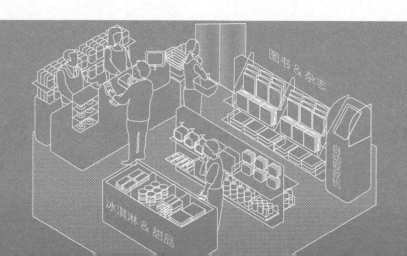

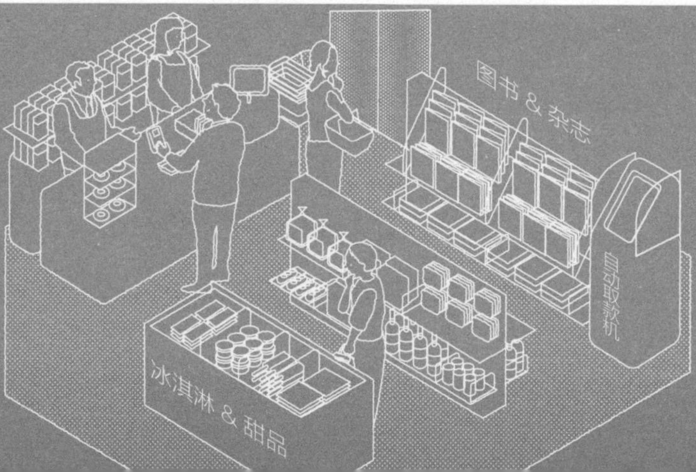
图书 & 杂志
自动取款机
冰淇淋 & 甜品

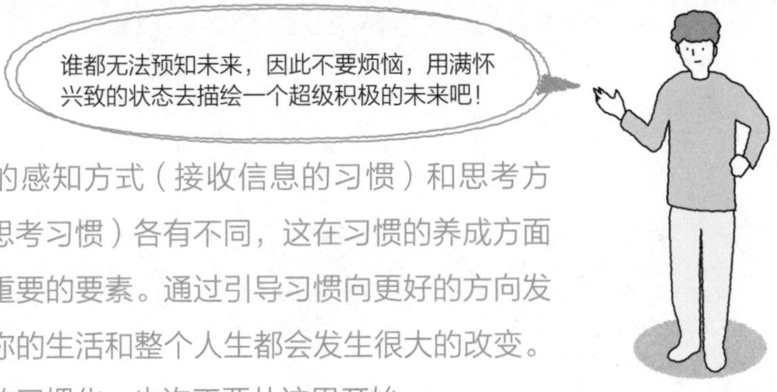
谁都无法预知未来，因此不要烦恼，用满怀兴致的状态去描绘一个超级积极的未来吧！

人类的感知方式（接收信息的习惯）和思考方式（思考习惯）各有不同，这在习惯的养成方面是很重要的要素。通过引导习惯向更好的方向发展，你的生活和整个人生都会发生很大的改变。真正的习惯化，也许正要从这里开始。

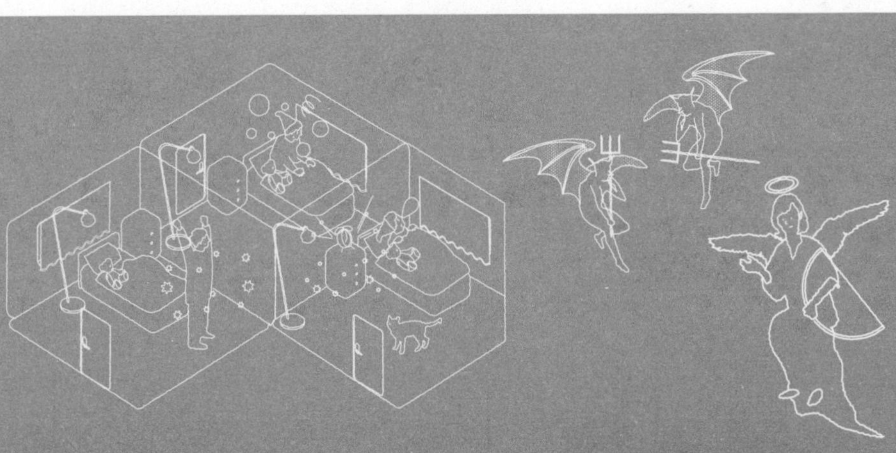

01 他能做到，那我也可以

“我是我，别人是别人”，虽然这也是一种很好的看法，但如果是为了自我提升，拿自己和他人做比较会很有效果。

拿自己与他人做比较，往往会令你在面对他人时具有自卑感，容易成为令你嫉妒别人的原因。因此，我并不是很推荐这种做法。但是，如果是为了自我提升而拿自己和他人做比较，还是值得努力去做的。成功的人，常常能够极其客观地拿自己和他人做比较。而且，也常常有着“他能做

好的接收习惯和坏的接收习惯

像那个人那样可真好呀。我可做不成那样的事……
成功的人
他都能做到，那我应该也可以的！
坏的接收习惯
好的接收习惯
否定性的接收习惯持续下去，甚至可能会让你说出“我可不想为了成功连那样的事情都做”之类小气难听的话。

到，那我应该也可以”的想法。

此外，我们要思考别人成功的缘由，尝试在自己力所能及的范围内进行模仿。接下来，就立刻付诸行动。首先，我们要判断出自己能做到的事、应该做的事，然后不顾一切地埋头苦干。但是，这不是为了追随别人、超过别人而努力，而是告诉自己“×××都能做到，那我也能！”，是为了战胜自己的怯懦而努力。

他人的存在是为了让你自己奋发图强

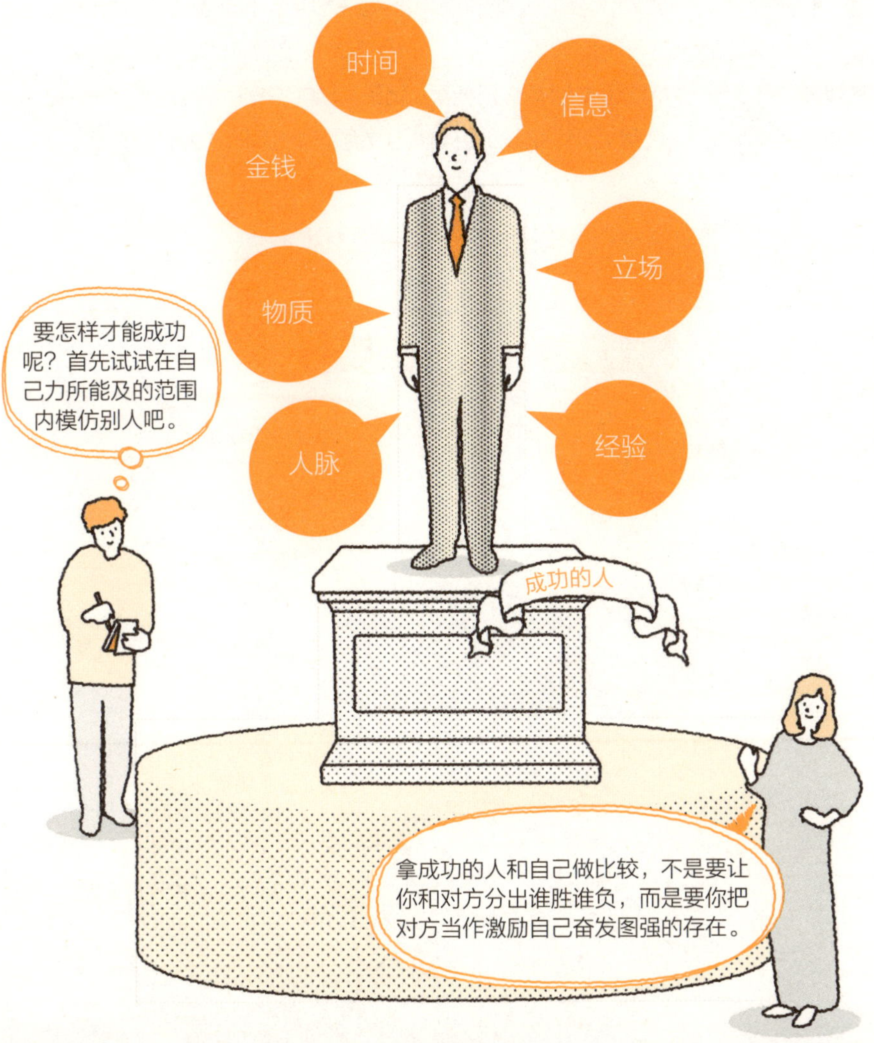
时间
信息
金钱
立场
物质
要怎样才能成功呢？首先试试在自己力所能及的范围内模仿别人吧。
人脉
经验
成功的人
拿成功的人和自己做比较，不是要让你和对方分出谁胜谁负，而是要你把对方当作激励自己奋发图强的存在。

02 肯定的接收和好意的接收

如果你想向自己的大脑输入正向的思考，那么自己把输入进来的信息转换为肯定的、好意的就可以了。

正如前面多次所说的，对于我们的大脑来说，正向的思考是很重要的。也就是说，如果输入我们大脑的信息能全部被我们以肯定的形式接收，我们就能直接进行正向的思考，这是一种很有效率的做法。做到肯定的接收并不是一件特别困难的事，只要我们用积极的心态来接收遇到的所有事情就可以了。就算是遇到通常会被认为是危机的状况，我们也要用

用肯定的接收来为下一次做准备

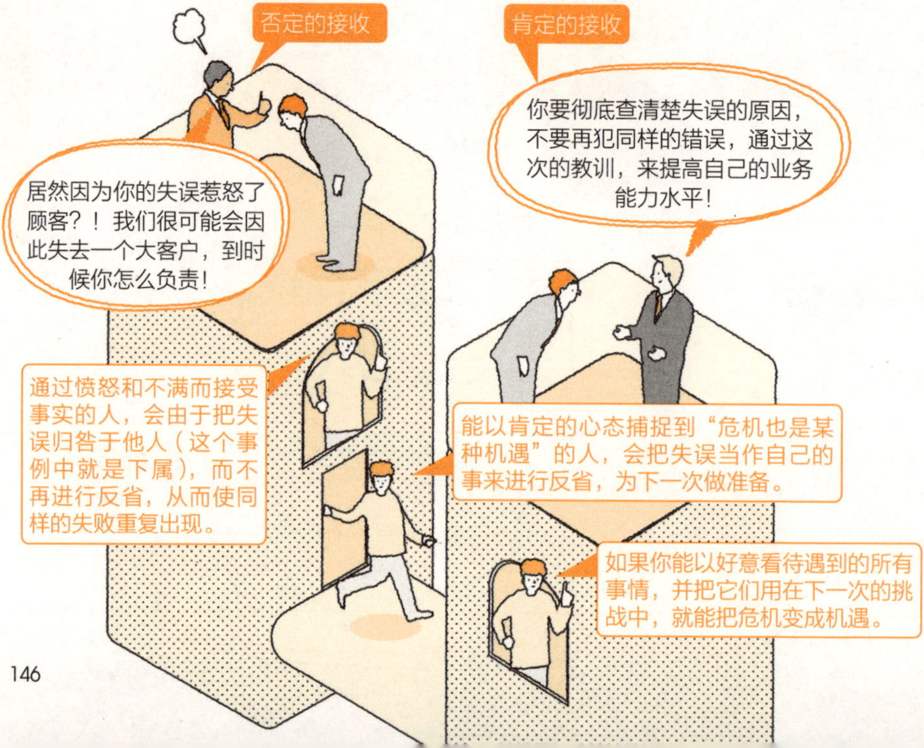

否定的接收
居然因为你的失误惹怒了顾客？！我们很可能会因此失去一个大客户，到时候你怎么负责！
通过愤怒和不满而接受事实的人，会由于把失误归咎于他人（这个事例中就是下属），而不再进行反省，从而使同样的失败重复出现。
肯定的接收
你要彻底查清楚失误的原因，不要再犯同样的错误，通过这次的教训，来提高自己的业务能力水平！
能以肯定的心态捕捉到“危机也是某种机遇”的人，会把失误当作自己的事来进行反省，为下一次做准备。
如果你能以好意看待遇到的所有事情，并把它们用在下一次的挑战中，就能把危机变成机遇。

“机会来了”这样的语言来刺激大脑，去思考该怎样做才能改善现状。

在人际交往中，将对方的言行举止全部当作好意来接受，这种好意的接收也是很重要的。即使对方的言行让你觉得讨厌，但是说不定对方是想提醒你注意某些事情才这样做的。把别人的发言全部当作好意来接受，能使你把所有的事情都变成面对接下来的局面的力量，让你自己得到进步，不断成长。

和他人的相遇，就是和另一个自己的相遇

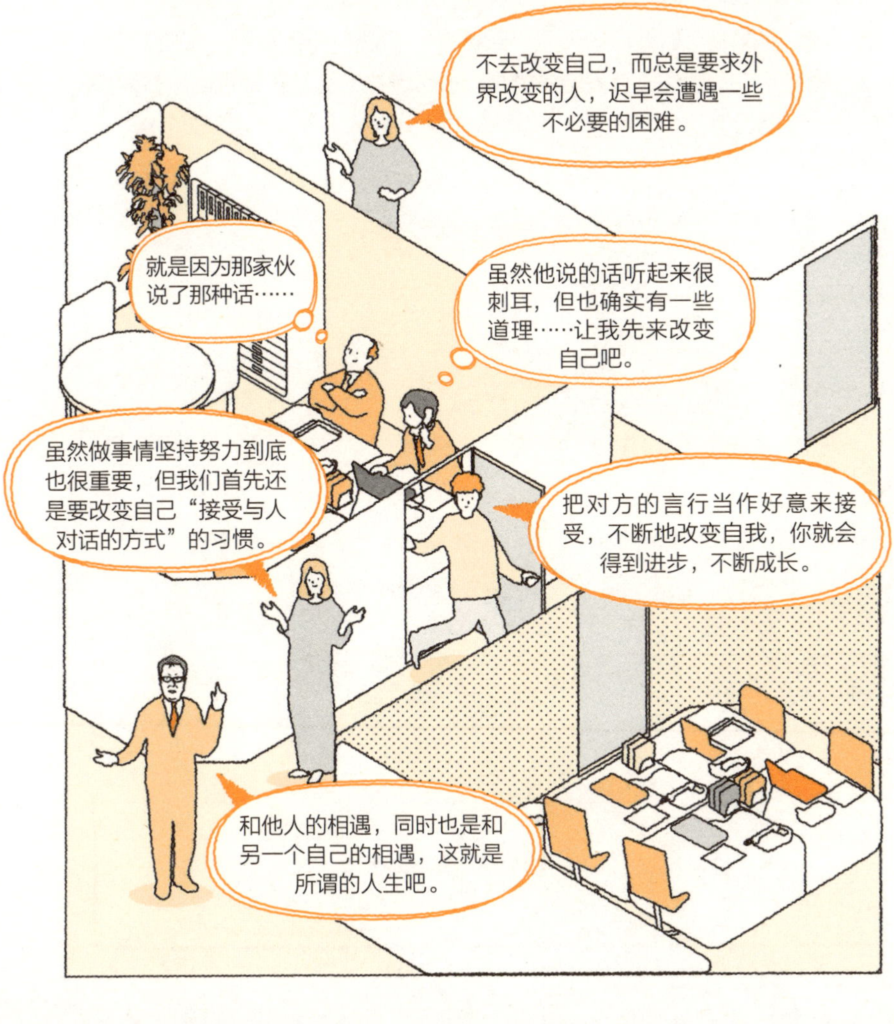
不去改变自己，而总是要求外界改变的人，迟早会遭遇一些不必要的困难。
就是因为那家伙说了那种话……
虽然他说的话听起来很刺耳，但也确实有一些道理……让我先来改变自己吧。
虽然做事情坚持努力到底也很重要，但我们首先还是要改变自己“接受与人对话的方式”的习惯。
把对方的言行当作好意来接受，不断地改变自我，你就会得到进步，不断成长。
和他人的相遇，同时也是和另一个自己的相遇，这就是所谓的人生吧。

03 肯定的错觉决定未来

谁都无法预知未来。无论你对自己的未来持否定态度，还是肯定态度，都只不过是一种错觉而已。

成功的人都有一个共同的特征，那就是他们不仅对于未来自己获得自己想要的东西时的状态、成为自己想要成为的人时的样子有着明确的设想，还对此抱有一种确信，确信这些事情一定能按照自己所设想的得到实现。也就是说，他们具有肯定的错觉。换个表达方式，这就是说没有根据的自信是很重要的。

反正一切都是错觉

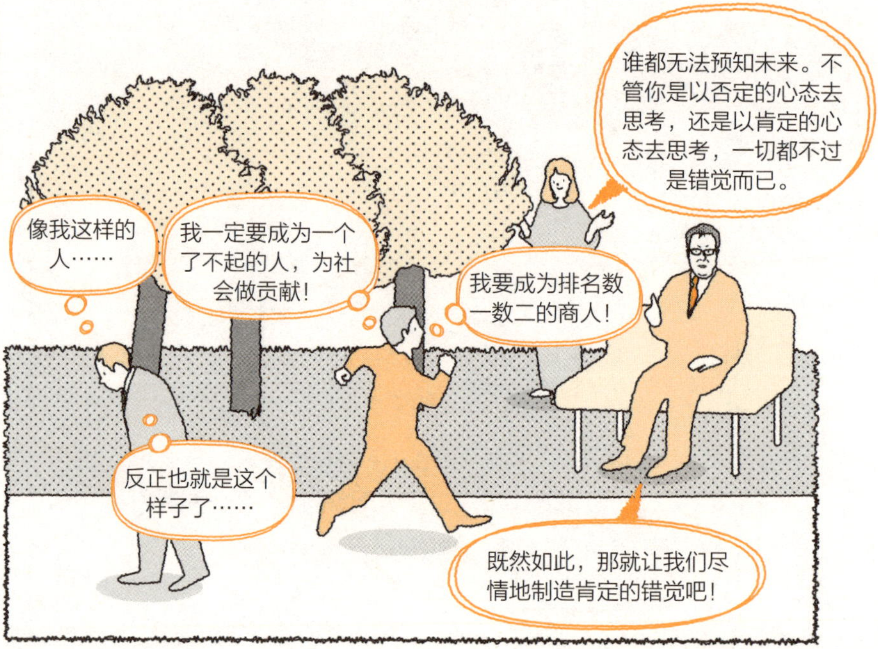
谁都无法预知未来。不管你是以否定的心态去思考，还是以肯定的心态去思考，一切都不过是错觉而已。
像我这样的人……
我一定要成为一个了不起的人，为社会做贡献！
我要成为排名数一数二的商人！
反正也就是这个样子了……
既然如此，那就让我们尽情地制造肯定的错觉吧！

错觉决定了一个人全部的未来。如果你对自己的未来设定了界限，就会产生否定的错觉，如果你以兴致勃勃的状态去描绘未来，就会产生肯定的错觉。反正都是错觉，那么还是满怀兴致产生的错觉更能让你自己开心，在此之上还能开创未来。让我们利用每天早上醒来在被窝里的几分钟时间，一边偷笑着，一边对未来的自己进行自由的设想吧。反正都是错觉，就让我们在心中描绘一个超级肯定的未来吧。

坚持每天早上对自己输入“我能做到！”

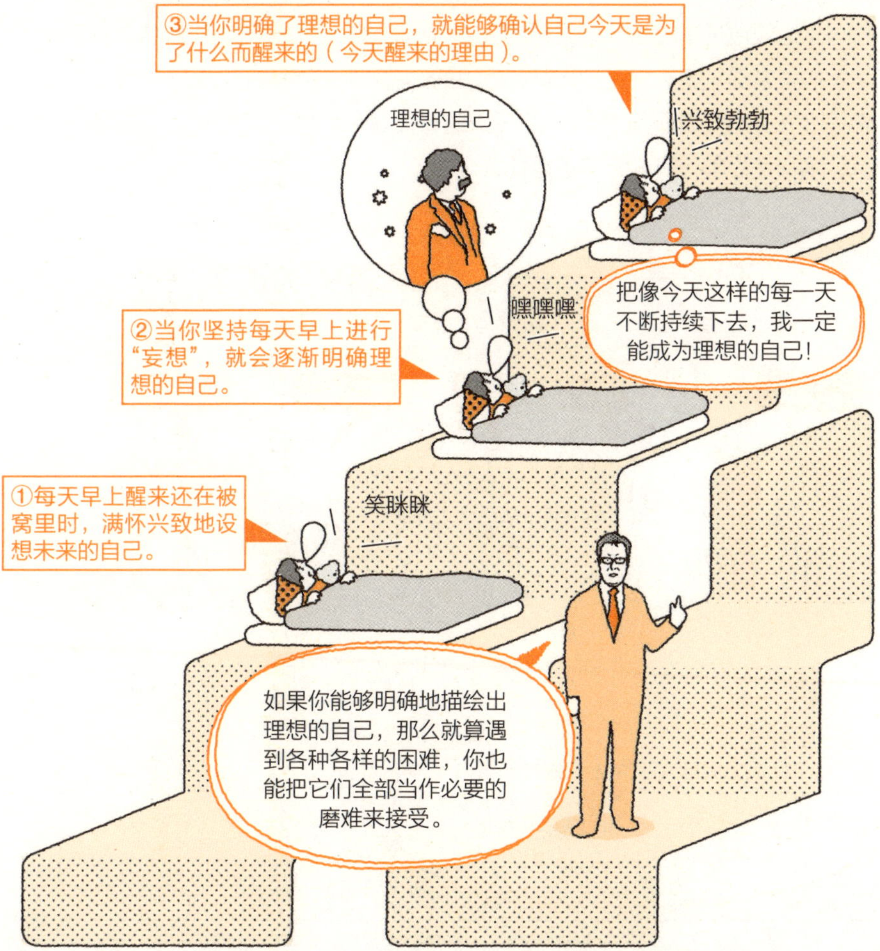
③当你明确了理想的自己，就能够确认自己今天是为了什么而醒来的（今天醒来的理由）。
理想的自己
兴致勃勃
嘿嘿嘿
把像今天这样的每一天不断持续下去，我一定能成为理想的自己！
②当你坚持每天早上进行“妄想”，就会逐渐明确理想的自己。
①每天早上醒来还在被窝里时，满怀兴致地设想未来的自己。
笑眯眯
如果你能够明确地描绘出理想的自己，那么就算遇到各种各样的困难，你也能把它们全部当作必要的磨难来接受。

04 不是和别人，而是和过去的自己做比较

纠结自己与他人的胜负，没什么太大的意义。比起与别人做比较，还是让我们拿过去的自己和现在的自己来进行对比吧。

在这一章的开头，我曾写过“如果是为了自我提升，拿自己和他人做比较还是很有效的”，但是，如果你只是拘泥于胜负，或是净去和别人比较一些没有意义的事情，那就恕我不能苟同了。我们假设你现在有一些正在与之比较或抗争的事、人或者状况。你和比较对象是否处在同样的条件下？如果家庭出身、所受的教育、处世的方式和处理问题的方法等各种条件都存在差异，却硬要和这样的对象进行比较和竞争，并因此而意志消沉、精神上受到伤害，这并不是什么好事。

不要去比较一些比了也无能为力的事

人生目标
性别
体力
容貌姿态
所处的环境
原本比较和竞争就是要在同样的条件下进行的。规则不同的体育竞赛从根本上就是不成立的，所以我们不要去比较一些没有意义的事。

如果要做比较，那就比一些能够成立的东西吧。那就是过去的自己和现在的自己。比较一下一年前的自己和现在的自己，看看都有哪些进步和成长。或者看看为了超过昨天的自己、哪怕只是一点点，今天的自己能够做些什么。如果一定要比较，要分出胜负，那就去和过去的自己比较，去战胜过去的自己吧。

和过去的自己做比较，战胜过去的自己

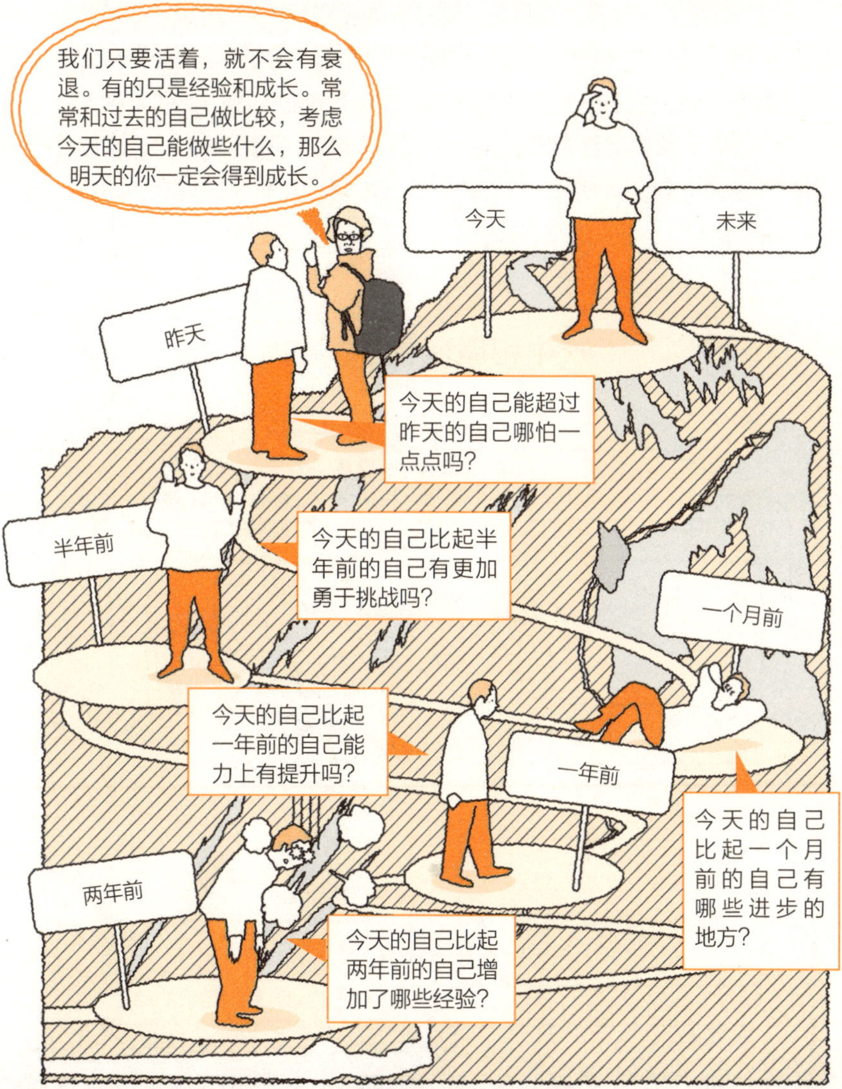
我们只要活着，就不会有衰退。有的只是经验和成长。常常和过去的自己做比较，考虑今天的自己能做些什么，那么明天的你一定会得到成长。
今天
未来
昨天
今天的自己能超过昨天的自己哪怕一点点吗？
半年前
今天的自己比起半年前的自己有更加勇于挑战吗？
一个月前
今天的自己比起一年前的自己能力上有提升吗？
一年前
今天的自己比起一个月前的自己有哪些进步的地方？
两年前
今天的自己比起两年前的自己增加了哪些经验？

05 “牛”一直吹，就可能会成真

为了接近想要成为的自己，尽情地去“吹牛”吧，直到你确信它能成真的那天。

说到吹牛，也许有人会认为“这是在说要撒谎吗?”事实并非如此。吹牛常指把一件事情往大了说，而撒谎是为了让别人相信一些与事实不符的事情。举个例子，如果一个年收入500万元的人说“我的年收入是1000万元”，那他就是在撒谎。但是，如果他说“我要在创业五年后让我的年收入达到1000万元”，那就只是在描述他对未来的自己的期待，不能算作撒谎。

吹牛和撒谎是不同的

撒谎是指让别人相信一些与事实不符的事情。
这是我们公司的实绩。有很多大企业都是我们的客户，请相信我们。
吹牛是指把一件事情往大了说。
我们公司五年之后会在全国范围内开展业务!
吹牛和撒谎是不同的。吹牛是你在承认现在的事实的基础上，表现出的对未来的自己的期待。

以现在的自己为基准来考虑，你也许会觉得自己没什么自信，没办法吹牛吹得那么大。但是，如果你不去尝试向着目标发起挑战，是不可能知道自己能不能成功的。吹牛就是让你把未来自己想要达成的目标，以数值化的形式表达出来。成功的人，常常是在不断地吹牛同时不断地思考要怎样才能使之成为现实的。

一生都要不断地吹牛

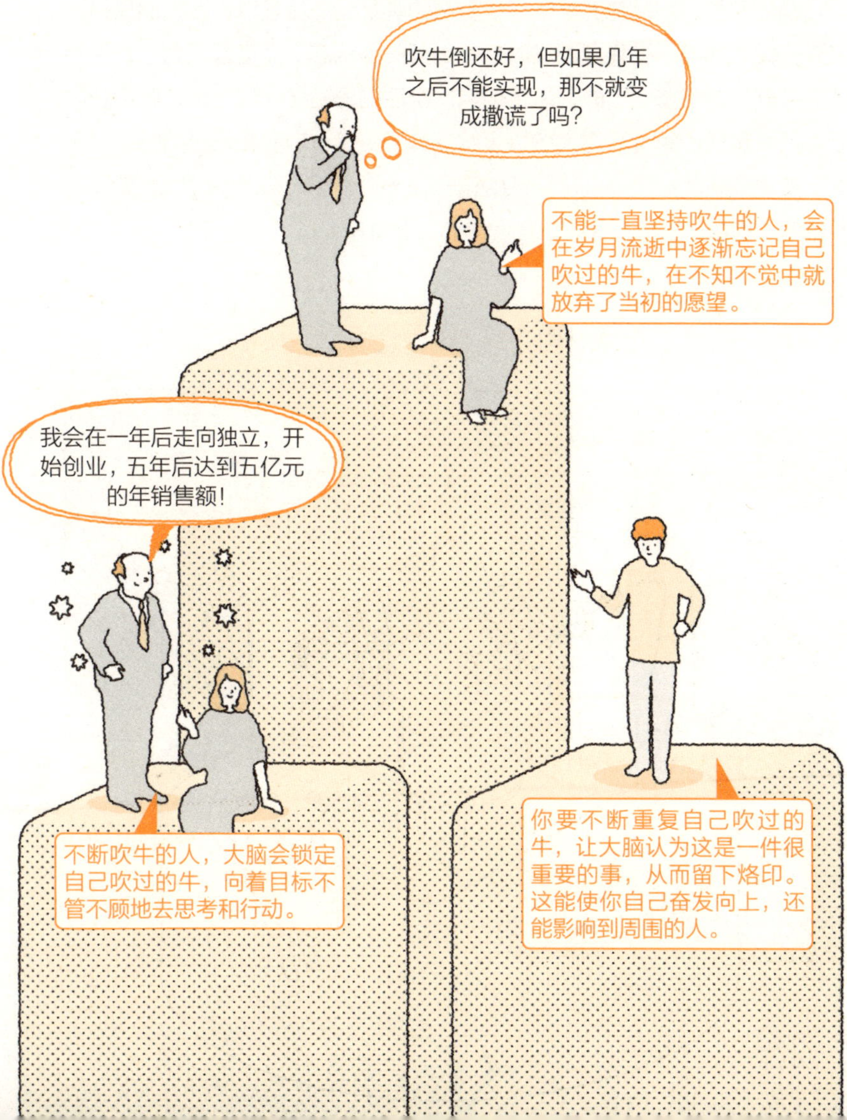

吹牛倒还好，但如果几年之后不能实现，那不就变成撒谎了吗？
不能一直坚持吹牛的人，会在岁月流逝中逐渐忘记自己吹过的牛，在不知不觉中就放弃了当初的愿望。
我会在一年后走向独立，开始创业，五年后达到五亿元的年销售额！
不断吹牛的人，大脑会锁定自己吹过的牛，向着目标不管不顾地去思考和行动。
你要不断重复自己吹过的牛，让大脑认为这是一件很重要的事，从而留下烙印。这能使你自己奋发向上，还能影响到周围的人。

06 通过睡前和醒后的习惯进行自我暗示

在一天的结束和一天的开始说一些肯定性的语言，来让你的大脑充满活力吧。

晚上即将入眠之前的语言是很重要的。我们的显意识在我们清醒时是打开开关的状态，在我们睡着时是关闭开关的状态。而潜意识则一直保持着打开开关的状态。因此，如果你用肯定性的语言结束这一天，就会在睡眠中把肯定性的思考浸透大脑。大脑具有无法区分现实和设想的特征，因此，如果你睡前能说一些肯定性的语言，一边设想一边进入睡眠，就会在睡眠的过程中，把肯定性的思考浸透你的潜意识。

把积极的设想浸透潜意识

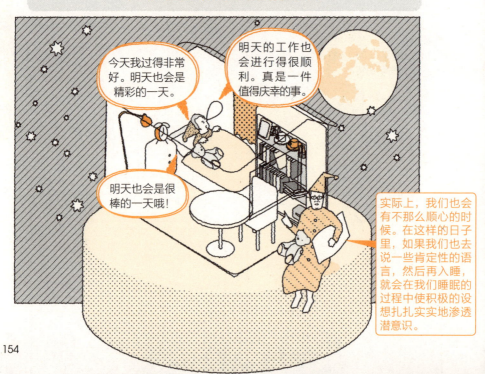

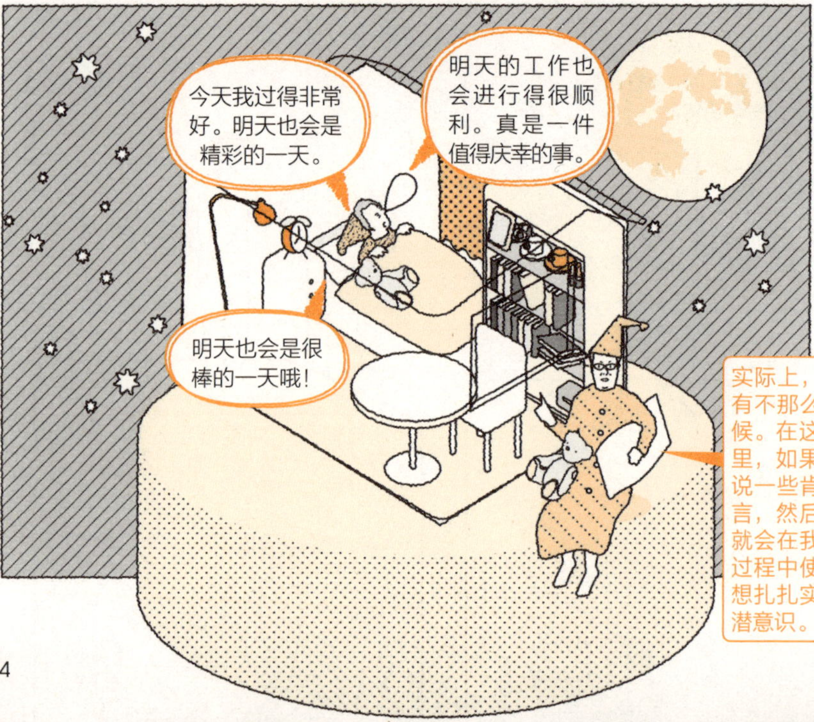
今天我过得非常好。明天也会是精彩的一天。
明天的工作也会进行得很顺利。真是一件值得庆幸的事。
明天也会是很棒的一天哦!

实际上，我们也会有不那么顺心的时候。在这样的日子里，如果我们也去说一些肯定性的语言，然后再入睡，就会在我们睡眠的过程中使积极的设想扎扎实实地渗透潜意识。

早上，当你醒来，在显意识的开关打开的一瞬间，你的第一句话也很重要。我们首先要说“精彩的一天又要开始了”，说一些像这样的肯定性的语言。接下来，下面要说的这件事也很重要。你要躺在床上，确认自己今天是为了什么而醒来的，“我今天也为了让家人和公司的大家幸福而醒来了”，要像这样每天确认之后再起床。用你自己独有的、富有兴致的语言对自己进行自我暗示，来让你的大脑变成充满活力的大脑吧。

确认自己是为了什么而醒来的

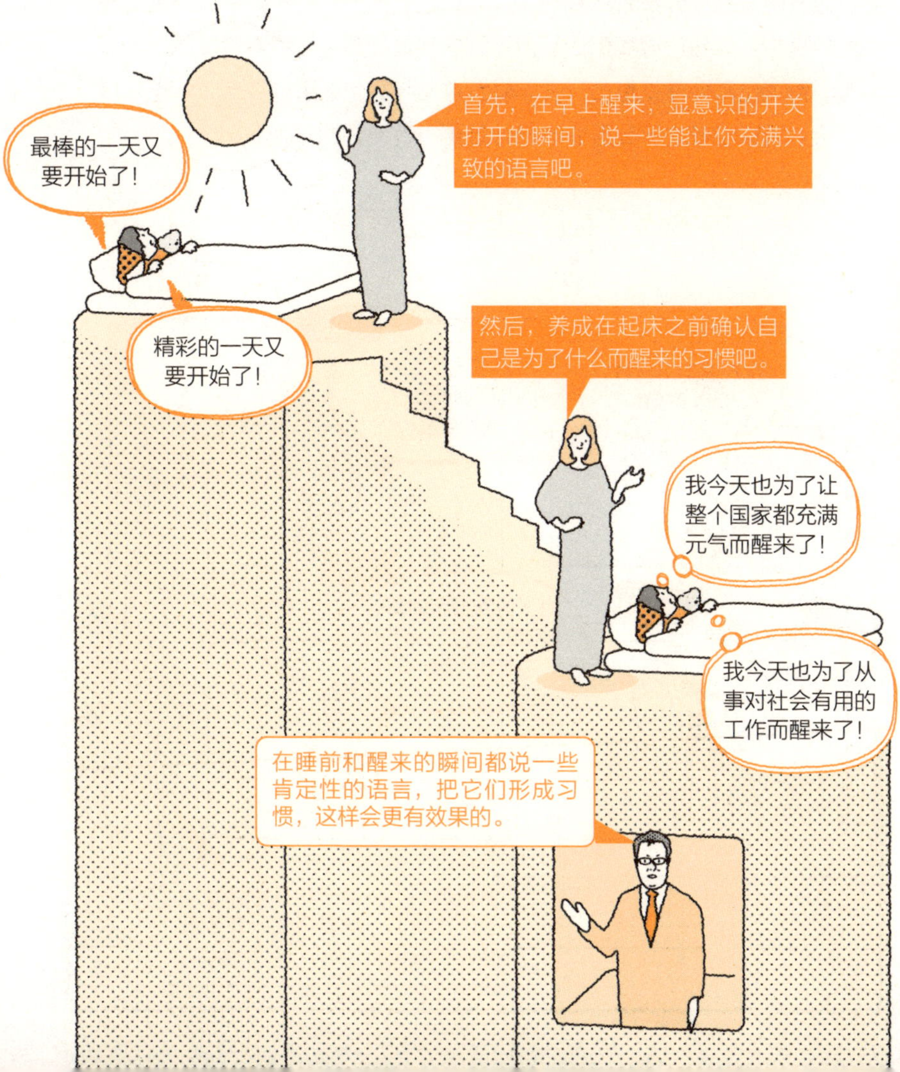

最棒的一天又要开始了！
首先，在早上醒来，显意识的开关打开的瞬间，说一些能让你充满兴致的语言吧。
精彩的一天又要开始了！
然后，养成在起床之前确认自己是为了什么而醒来的习惯吧。
我今天也为了让整个国家都充满元气而醒来了！
我今天也为了从事对社会有用的工作而醒来了！
在睡前和醒来的瞬间都说一些肯定性的语言，把它们形成习惯，这样会更有效果的。

07 比起“做不到的理由”，要思考“怎样才能做到”

抱怨改变不了任何事情。比起发牢骚，还是来问问自己想要做什么，要怎样才能做到吧。

总是愤愤不平、心存不满的人，常常聚焦于自己的境遇不好、公司不好、经济不景气抑或是政局变动，等等，把它们当作自己做不到，或是不去做的理由，为自己寻找借口。但是，这种借口是完全没有意义的。要说原因，那就是即使你找借口、发牢骚，这些行为也无法改变他人，无法改变社会。所以相较之下，改变自己才是更有建设性的行为。

思考做不到的理由是没有意义的

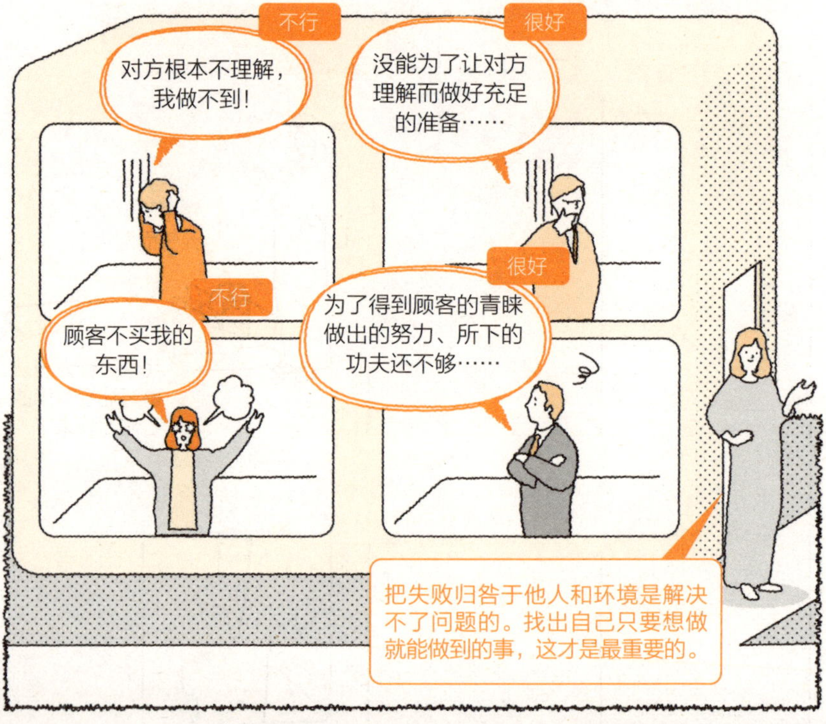
不行
对方根本不理解，我做不到！
很好
没能为了让对方理解而做好充足的准备……
不行
顾客不买我的东西！
很好
为了得到顾客的青睐做出的努力、所下的功夫还不够……
把失败归咎于他人和环境是解决不了问题的。找出自己只要想做就能做到的事，这才是最重要的。

无论是谁，都有感到诸事不顺、迷茫无措的时候。当你身处这种时刻，请一定要先试着问问自己：我想做些什么呢？怎样才能做到呢？当你感到事情进展得不顺利时，也一定要问问自己，要怎么做才能使情况好转呢？单单凭借这个方法，就能让你的人生发生巨大的改变。

向自己提问

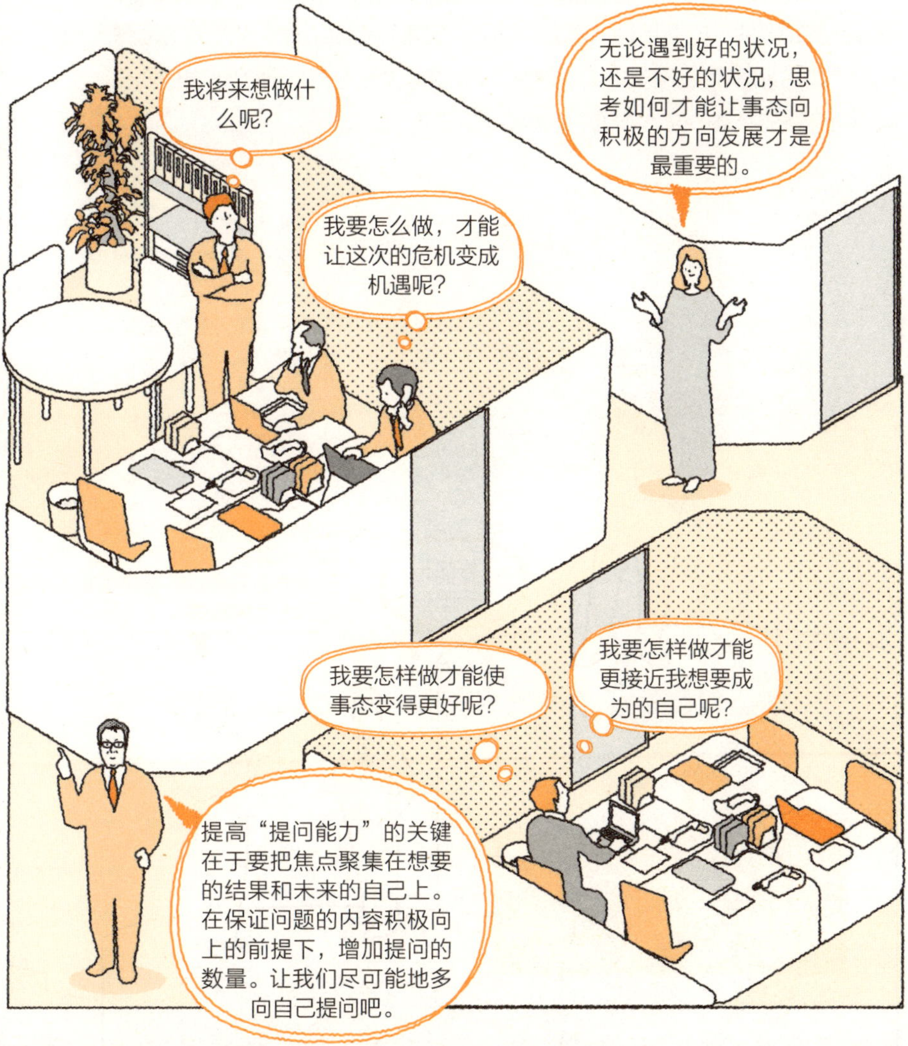

我将来想做什么呢？
我要怎么做，才能让这次的危机变成机遇呢？
无论遇到好的状况，还是不好的状况，思考如何才能让事态向积极的方向发展才是最重要的。
我要怎样做才能使事态变得更好呢？
我要怎样做才能更接近我想要成为的自己呢？
提高“提问能力”的关键在于要把焦点聚集在想要的结果和未来的自己上。在保证问题的内容积极向上的前提下，增加提问的数量。让我们尽可能地多向自己提问吧。

08 任何事情都要认真对待

任何事情都认真对待，你就会很快找到乐趣，人们也会自然而然地聚集过来。

无论你是为了能享受自己的工作，还是为了能获得他人的信赖，认真做事都是很重要的。向着目标认真努力的人，常常具有以下三个特征：自己做决定，决定好的事就坚持去做，坚持下去就会感受到乐趣。而且，当你处在以上所描述的状态中时，周围的人都会更乐于帮助你。

认真的人具有的三个特征

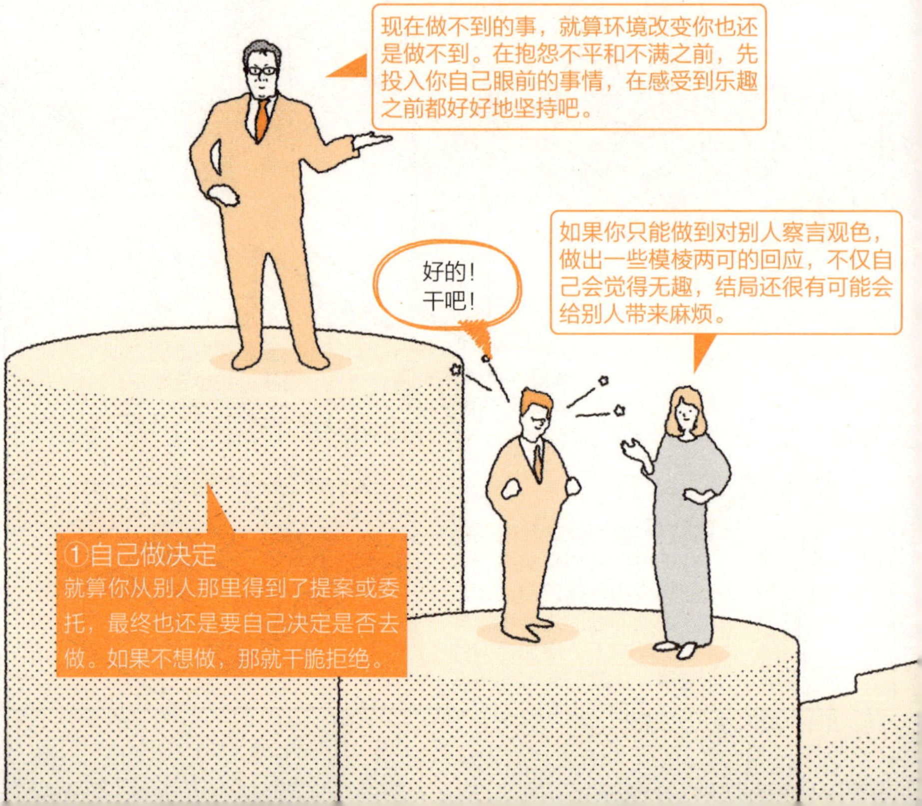
现在做不到的事，就算环境改变你也还是做不到。在抱怨不平和不满之前，先投入你自己眼前的事情，在感受到乐趣之前都好好地坚持吧。
好的！干吧！
如果你只能做到对别人察言观色，做出一些模棱两可的回应，不仅自己会觉得无趣，结局还很有可能会给别人带来麻烦。
①自己做决定
就算你从别人那里得到了提案或委托，最终也还是要自己决定是否去做。如果不想做，那就干脆拒绝。

当你自己做出决定，坚持去完成，微笑着向困难发起挑战，就会有人对你说“有没有什么是我能帮上忙的”“我来为你加油吧”，像这样聚集到你的身边。做还是不做，应该是由自己来决定的。你要有意识地养成遵从自己的意愿来做决定的习惯。并且，一旦你决定好要做某件事，就请从一而终地坚持下去。只要你一直坚持，不放弃，就一定会成功。

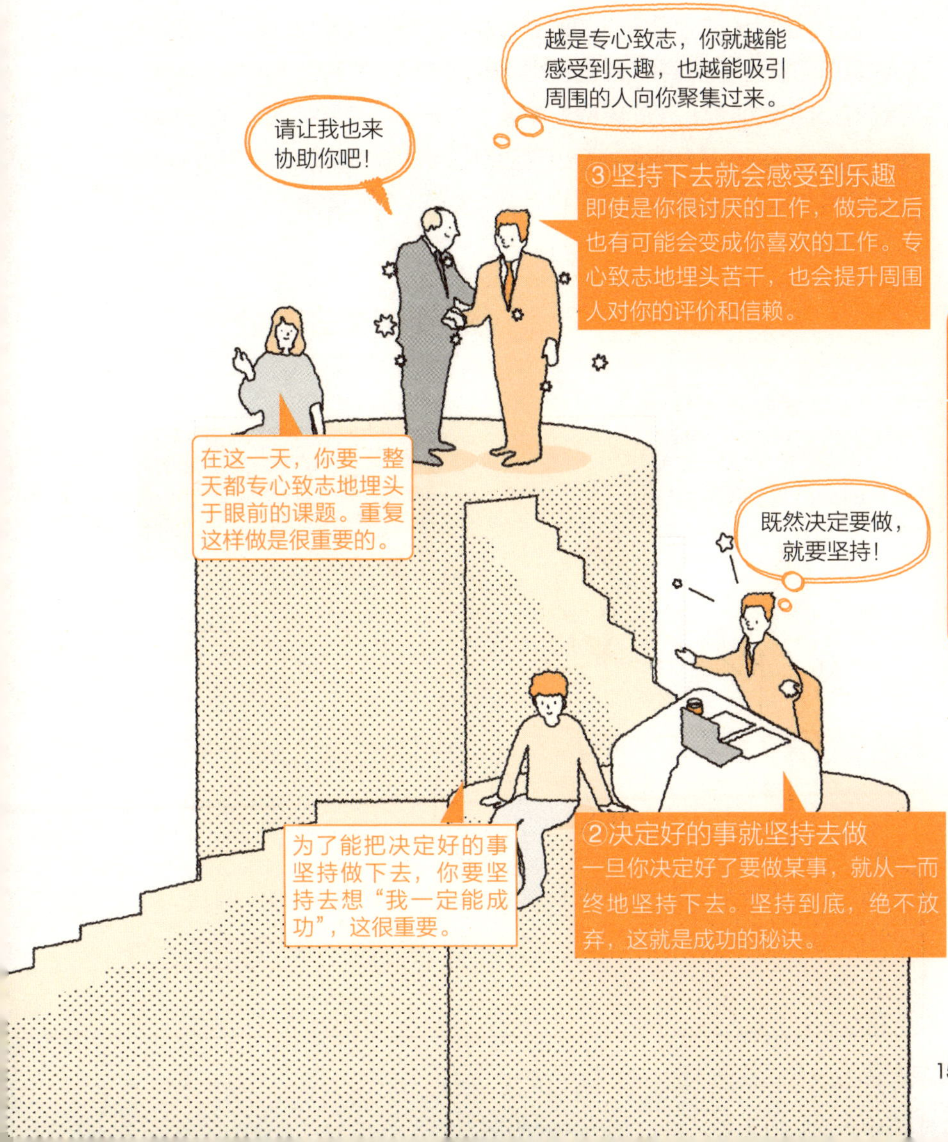
越是专心致志，你就越能感受到乐趣，也越能吸引周围的人向你聚集过来。
请让我也来协助你吧！
③坚持下去就会感受到乐趣
即使是你很讨厌的工作，做完之后也有可能会变成你喜欢的工作。专心致志地埋头苦干，也会提升周围人对你的评价和信赖。
在这一天，你要一整天都专心致志地埋头于眼前的课题。重复这样做是很重要的。
既然决定要做，就要坚持！
为了能把决定好的事坚持做下去，你要坚持去想“我一定能成功”，这很重要。
②决定好的事就坚持去做
一旦你决定好了要做某事，就从一而终地坚持下去。坚持到底，绝不放弃，这就是成功的秘诀。

09 不要轻易说“做不到”

人的一生中，最重要的事情之一就是挑战。“做不到”这一句话就能非常轻易地从你面前把机会夺走。

这个世界上存在着很多从物理上来说就是“做不到”的事。比如有人说我想单凭自己的身体在空中自由地飞翔，这就是不可能做到的。但是，“我想在×岁的时候，驾驶着私人飞机飞向天空”，如果你像这样描绘梦想又会怎么样呢？虽然我们能预想到会面临金钱方面和取得许可等各种各样的困难和障碍，但至少这不是物理上来说做不到的事。

“做不到”这一句话就会使你失去机会

在你对某件事做出“做不到”的判断并发表这个结论之前，先养成思考这件事是不是真的从物理上来说就做不到的习惯吧。
当你说出“做不到”这句话的瞬间，难得的机会和经验就会从你眼前溜走。当然也遑论进步和成长了。
反正做不到……

当难题摆在眼前时，不要立刻就说做不到。“在那种条件下是做不到的，但如果能这样的话就有可能成功”，要像这样，同时去思考要怎样才能使做不到的事成为可能。例如当你遇到工作上的难题，就从人力、金钱、信息、时间、设备等方面，去考虑自己现在已经具备的条件和仍有不足的条件以及为了将来的发展所必须具备的东西。在这个过程中，你也许就会找到解决问题的线索。

我要成为在业界掀起革命的企业家！
人类是能够成为想要成为的自己的。说得更准确一些，你自己的未来是会按照你的想象去发展的。先让你的大脑坚信你能做到，之后就只剩下行动了。
我想尽量变成那样……
如果你从一开始就说做不到，那么大脑也会坚信你是做不到的。让我们明确地设想出想要成为的自己吧，不要让眼前的机会溜走。
如果你许下的只是“我想尽量变成那样”这种不确定的愿望，那么一旦遭遇困难和障碍，你就会选择放弃。不要以现在的自己作为基准，把焦点聚集在未来想要成为的自己上吧。

自学笔记

自学笔记

习惯
养成笔记

第7章

能使工作顺利进行的习惯养成术

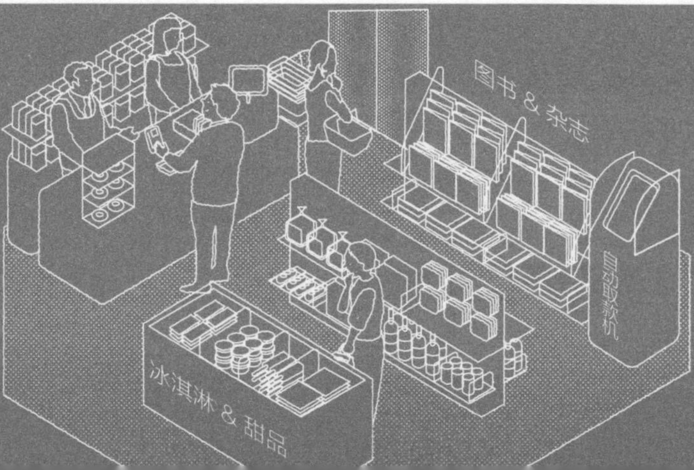
图书 & 杂志
自动取款机
冰淇淋 & 甜品

DATA BASE

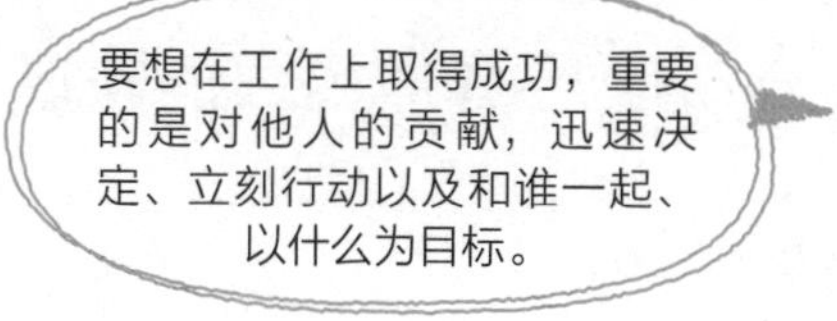
要想在工作上取得成功，重要的是对他人的贡献，迅速决定、立刻行动以及和谁一起、以什么为目标。

工作并不是人生的全部。但是，一个人对自己的人生是感到成功还是感到失败，很大程度上是由工作状态决定的，这也是不争的事实。在第7章，我们主要围绕思考习惯和行为习惯，来解说能使工作获得成功的习惯。

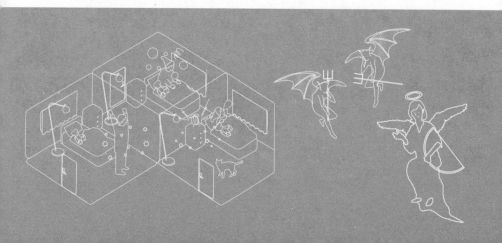

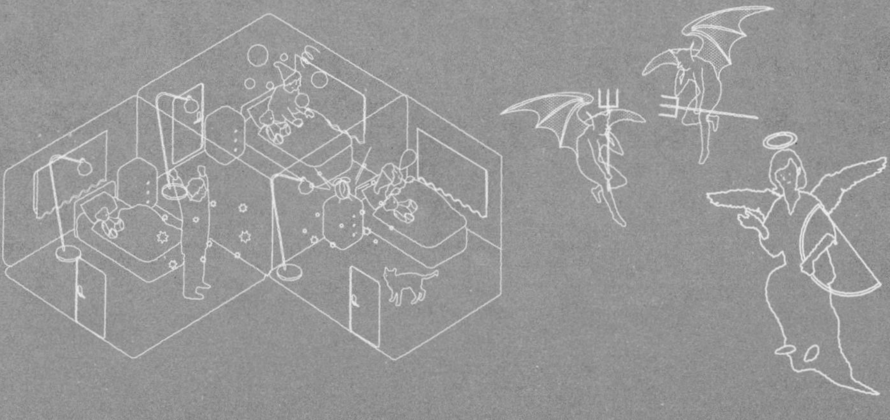

01 比起获取，要思考给予

你之所以能够获利，是因为你让他人感到愉快。请注意，你给顾客带来的价值，就是你自己能得到的价值。

成功的人，大部分比起“怎样赚钱”，会更重视“怎样为别人做出贡献”。当然，很多人都是从“怎样赚钱”开始的，在工作的过程中逐渐意识到“不能让顾客满意，就赚不到钱”，也注意到做生意是价值和价值的交换，明白了自己给顾客带来的价值，就是自己能得到的价值。然后最终不再考虑如何赚钱，而是考虑如何为他人做出贡献。

考虑要怎样赚钱的弊端

要怎样才能赚钱呢？
这个人净想着从对方身上获利啊……
赚钱当然不是坏事。即使你没有恶意，被当作功利心强的人之后也很难推进工作。
如果你像这样只想着要怎样赚钱，就会引起对方的警惕和戒备，最终两个人只能成为泛泛之交。这样一来，你得不到利益也是理所当然的事。

已故的松下幸之助先生曾说过：“你对世间所提供的价值，其中的十分之一会返回到你自己那里。”也就是说，你对他人和别的公司做出的贡献越大，从结果来看你自己公司获得的利益也会越大。如果你现在正觉得自己的工资很低，那么就从你现在对公司的贡献程度与工资成正比这个角度出发，想一想要怎样做才能更多地为公司和团队做出贡献，并去实践吧。

常常思考要怎样才能做出贡献

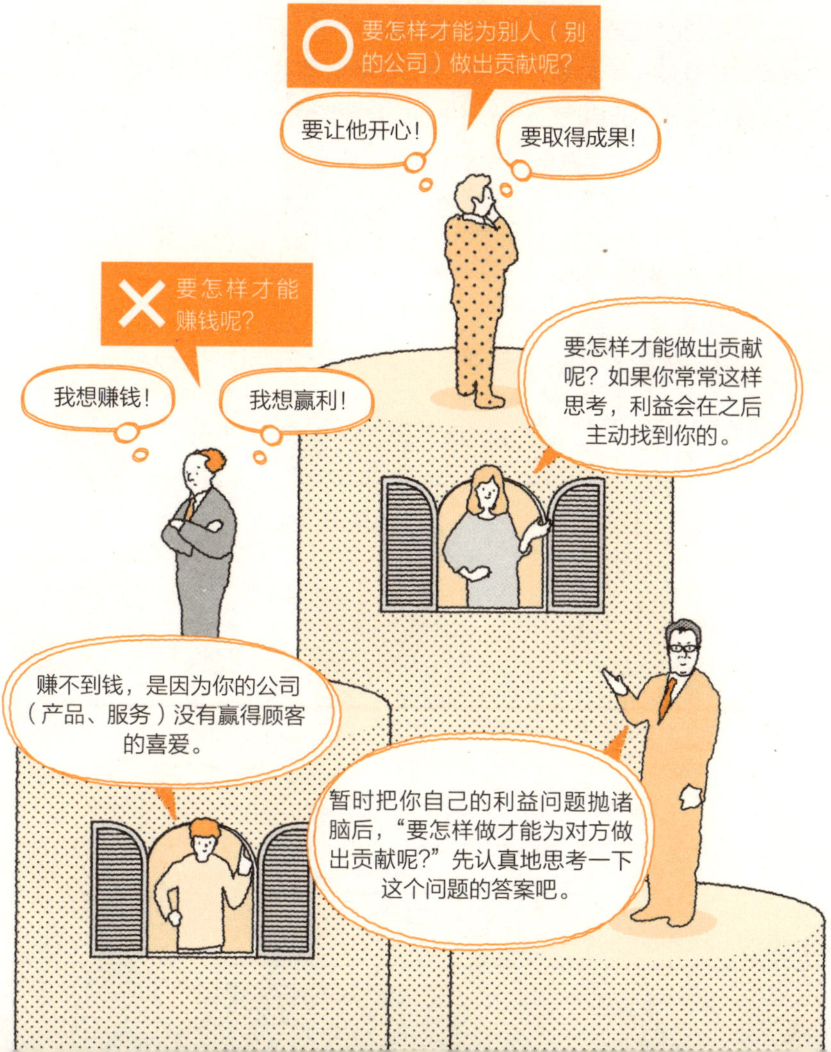

○ 要怎样才能为别人（别的公司）做出贡献呢？
要让他开心！
要取得成果！
× 要怎样才能赚钱呢？
我想赚钱！
我想赢利！
要怎样才能做出贡献呢？如果你常常这样思考，利益会在之后主动找到你的。
赚不到钱，是因为你的公司（产品、服务）没有赢得顾客的喜爱。
暂时把你自己的利益问题抛诸脑后，“要怎样做才能为对方做出贡献呢？”先认真地思考一下这个问题的答案吧。

02 犹豫不决比判断错误更糟糕

在工作上，重要的是开始的第一步。后面的事情就边走边想吧。

在生意场上，比起把赚钱放在首位，你更应该以从顾客那里获取时间为中心来考虑问题。所有的判断基准都是“为顾客提供更高的价值”，而不是自己公司的得失，这种价值的根本性思考中，存在着“我占用了顾客的时间”这样的思考方式，在此之上，就有必要迅速地做出决断。要知道，犹豫不决比判断错误更糟糕。做决定是需要勇气的。但是，无论结果如何，根据自己的意愿做出决断，比起什么都不做要好得多。

以从顾客那里获取时间为中心来思考

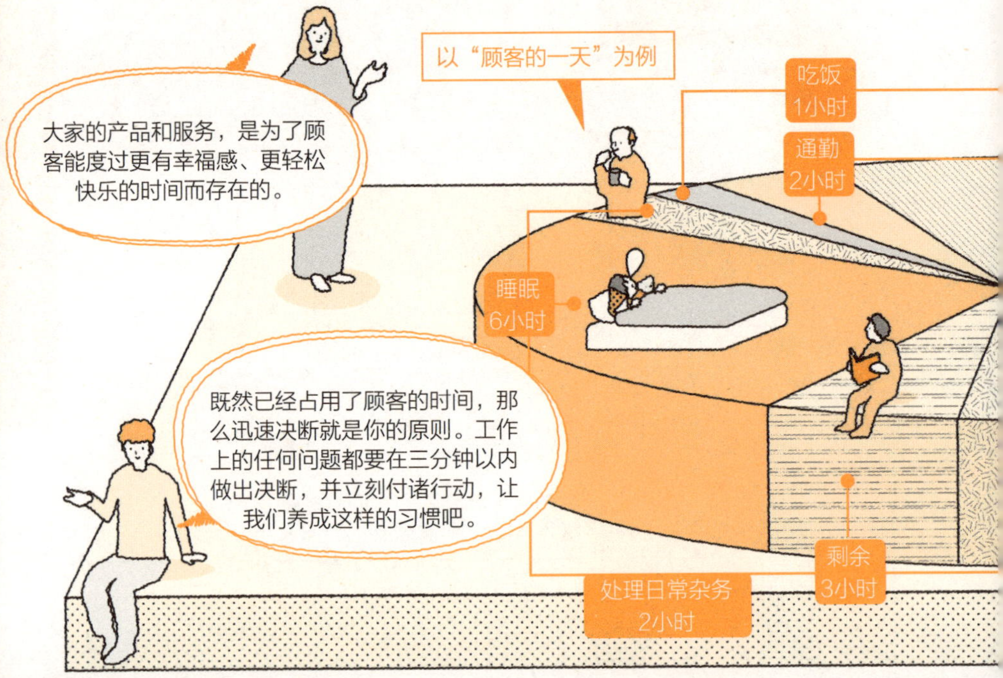
以“顾客的一天”为例
大家的产品和服务，是为了顾客能度过更有幸福感、更轻松快乐的时间而存在的。
吃饭 1小时
通勤 2小时
睡眠 6小时
既然已经占用了顾客的时间，那么迅速决断就是你的原则。工作上的任何问题都要在三分钟以内做出决断，并立刻付诸行动，让我们养成这样的习惯吧。
处理日常杂务 2小时
剩余 3小时

在工作上，敢为人先是很重要的。比起细致的准备，更要重视速度。成功的人，大多数都是即使笨拙、不擅长也踏出了第一步的人。从一开始就执着于一切都要很完美的人，会容易瞻前顾后，花费很多时间却总也无法踏出第一步。话虽如此，但这可并不是说你可以什么像样的准备都不做，不管不顾地胡乱挑战。首先要踏出第一步，在现有的能力范围内做足准备，之后边走边想，这样一来，你的事业就能逐渐成形了。

占用了顾客的时间，作为交换，你能提供给顾客什么信息和人脉以及技术技巧呢？
你希望顾客拥有怎样的感受和情绪呢？
既然占用了顾客的时间，就要提供与之相应的价值，这种思考方式是很重要的。
在公司的时间
10小时
抛弃你的完美主义吧。无论你准备得多么充分，在实际去做的过程中，不足之处总会不断出现。首先踏出第一步，如果你做不到这一点，那么无论花费多少时间，你都无法得知为了达成目标你还欠缺什么。

03 人生取决于遇到什么样的人，要一起做什么事

所谓人脉，不单单是指你认识多少人，或是面子有多大。人脉最重要的点在于你有多少交往深入、志同道合的人。

所谓人脉，不是指点头之交，而是说你和具有很强的信赖关系的人的关系。并且，对方获取的信息中，你自己能利用的部分有多少，这一点很重要。人际关系经由熟人到朋友、到伙伴，再到志同道合的人的路径发展。即使所在的行业不同，发展状况不同，却仍然具有同样的目标和志向，在和工作无关的方面也能有深入的交往，你拥有的这样的志同道合的人的数量，才能算作你真正的人脉。

重要的是要和谁一起，做什么事

和谁一起，要学什么，要从谁那里学？
和谁一起，目标是什么？
和谁一起，要做什么，要怎样做？
成功者中的大多数，都有着自己视作老师来景仰的人。而当你的老师和别人的老师是共同志向的人时，你们就会一瞬间从熟人成为志同道合的人。

人生取决于你会遇到什么样的人，要一起做什么事。如果你仅仅以自己作为基准，去挑战一些比较低的目标，那么就算你一直坚持，也无法登上高山之巅。请你积极地去参加那些为了他人、为了地区、为了同行业的从业者、为了国家的活动吧。比起为了自己，人类会为了他人发挥出令人意想不到的力量。而这份令人意想不到的力量，也会成为你自身的能力。

不要只关注自己的基准，要和周围的人一起向着高处踏实前进，这样，才能最终到达巅峰。
所谓目标，是指你被谁的生活方式所触动。从被你视为目标的老师和前辈那里，学习历练人生的方法吧。
③你在从视为目标的人那里学习吗？
④你有和周围的志同道合的人、老师、前辈们一起，树立某个目标吗？
②你在接触成功者吗？
①你在从人生的前辈那里学习吗？
工作上自不必说，在学习、娱乐等所有场合，都可以通过与大量的成功者共度时光来提升自己。
年长的前辈、工作上的前辈就不用说了，父母和恩师也是你人生的前辈。
遇到令你产生触动的人，就对对方进行彻底地模仿，来提高自己的品质吧。

04 相遇改变人生

人生会因为他人的影响而产生很大的不同。让我们去谋求更多有意义的相遇吧。

日本京瓷集团的创始人稻盛和夫先生说过，一个人的思考方式、热忱和能力相乘，决定了他人生和工作的结果。而能够锻炼出这种思考方式、热忱和能力的，就是相遇。相遇的对象分为父母、长辈等自己无法选择的人，和老师、朋友、伙伴等自己能够选择的人两种。对所有的相遇都应怀有感恩之心，强化这一点也很重要。

人生取决于你为谁的生存方式所影响

▶两种相遇

在人生的某个时期，你也许会无法由自己选择相遇，过着无法按照自己的意愿进行的生活。但是，对于成功者来说，这也能成为为自己提供力量的养分。
无法由自己选择的相遇
前辈（领导）
后辈（下属）
老师
父母和子女

人生取决于你为谁的生存方式所影响。如果你读到一本令你感动的书，那就去见它的作者吧。此外，多多和你身边那些开朗、活泼、坦率的人相处吧。当然，为了能够创造更多有意义的相遇，你自己也要开朗、活泼、坦率，这也很重要。人生之路，所遇皆是师友，带着这样的观点，用你自己的方式，你会为你吸引到更精彩的相遇。

▶重要的是你为谁的生存方式所影响

被对方的生存方式影响，与对方一起做了些什么？
以及为了回报做了哪些努力？
在何时与谁相遇？
从那里感受到了什么，学习到了什么？
请你记住，你自己的生存方式决定了你的相遇。
你会和谁成为朋友，是决定你今后相遇的好坏的关键。此外，只有你自己在学习的过程中不断把学到的东西付诸实践，回顾这一切时才能遇到那个能被你称为老师的人。
朋友
自己可以选择的相遇
伙伴
老师
并不是说无法选择的相遇就是不好的。这一切都取决于你自己的认知方式。怎样看待对方也同样取决于你自己。

05 讲究如何展示自己

穿着打扮表现了你的自身形象。如果你完全不在乎穿着打扮，久而久之你也会变得什么都不在乎。

成功的人当中，有很多打扮精致的人。因为穿着打扮是构建自身形象的要素之一。所谓自身形象，是指你在五年后、十年后想要成为的样子。我们在这里所说的打扮，不单单指你的穿戴，也包含你的表情和姿态。也就是说，我们要讲究如何向外界展示自己。要说原因，这是因为如果你完全不在乎穿着打扮，就会慢慢变得什么都不在乎，当你什么都不在乎，你在行动上就也会变得自由散漫。

要认真思考如何展示自己

▶应当注意的4+4=8个要点

①常常注意要怎样展示自己。
③常常注意能怎样展示自己。
①服装
②姿态
③表情
④动作
②常常注意外界如何看待自己。
④常常注意如何展现自己的魅力。
看着镜子，如果你认为自己的状态不够好，那就做一做微笑训练吧。

虽说要打扮精致，但这也绝对不是说你就要从头到脚一身奢侈品牌。这身衣服穿着看起来怎么样，会给人带来怎样的感觉，出于这样的考虑，为了常常保持良好的心态，注重穿着打扮也是很重要的。另外，照镜子也是很重要的。你自己的心理状态，是会立即表现在表情上的。你的表情和姿态，会为他人带来各种各样的影响，因此很有必要常常查看自己的状态。

穿着打扮是构成自身形象的要素

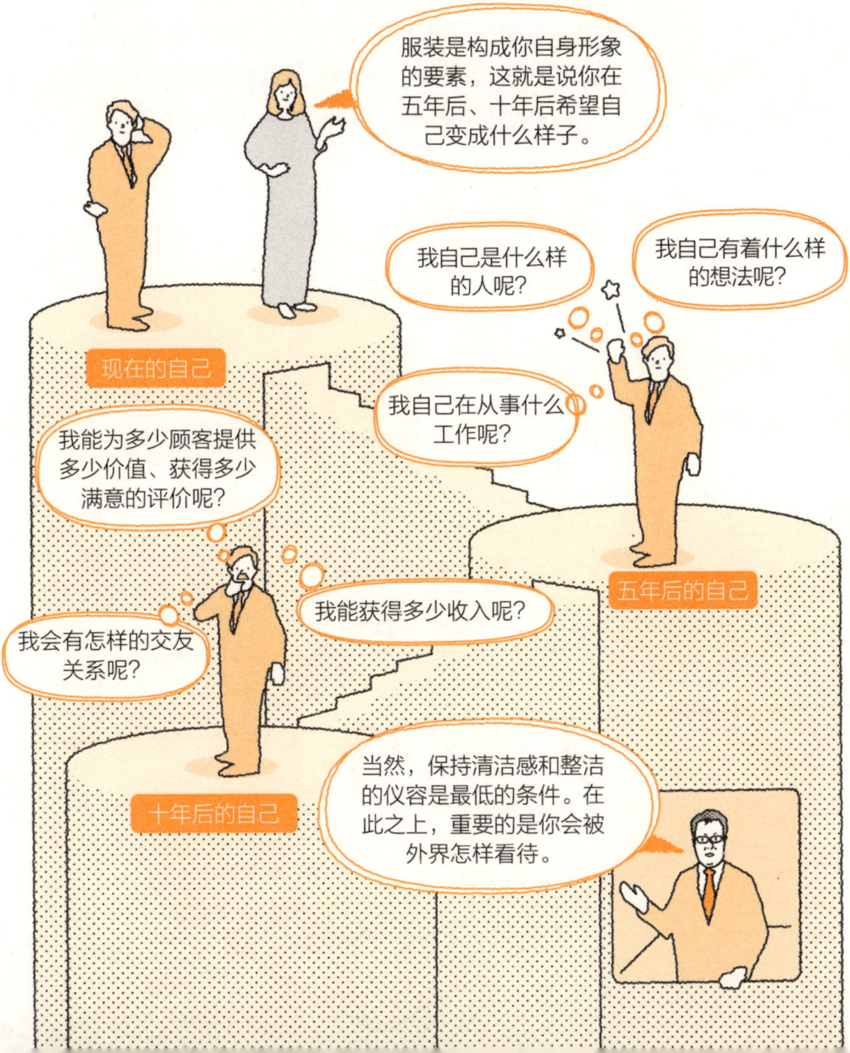
服装是构成你自身形象的要素，这就是说你在五年后、十年后希望自己变成什么样子。
现在的自己
我自己是什么样的人呢？
我自己有着什么样的想法呢？
我自己在从事什么工作呢？
我能为多少顾客提供多少价值、获得多少满意的评价呢？
五年后的自己
我能获得多少收入呢？
我会有怎样的交友关系呢？
十年后的自己
当然，保持清洁感和整洁的仪容是最低的条件。在此之上，重要的是你会被外界怎样看待。

06 表扬自己，提升自我

虽说自我反省是很重要的习惯，但表扬自己也能提升自我。

你会对自身的成长进行赞美和表扬吗？在查看自己的成长情况时，你是不是总会不自觉地开始检讨自己的缺点和不足之处呢？如果你养成表扬自己的习惯，就能够提高你的自我肯定感，让你更强烈地感觉到自己在不断成长。自我反省当然是很重要的习惯，但坚持对自己的成长进行赞美和表扬也是同样重要的。然后，你只要成为和表扬的内容相称的自己就可以了。

养成表扬自己的习惯

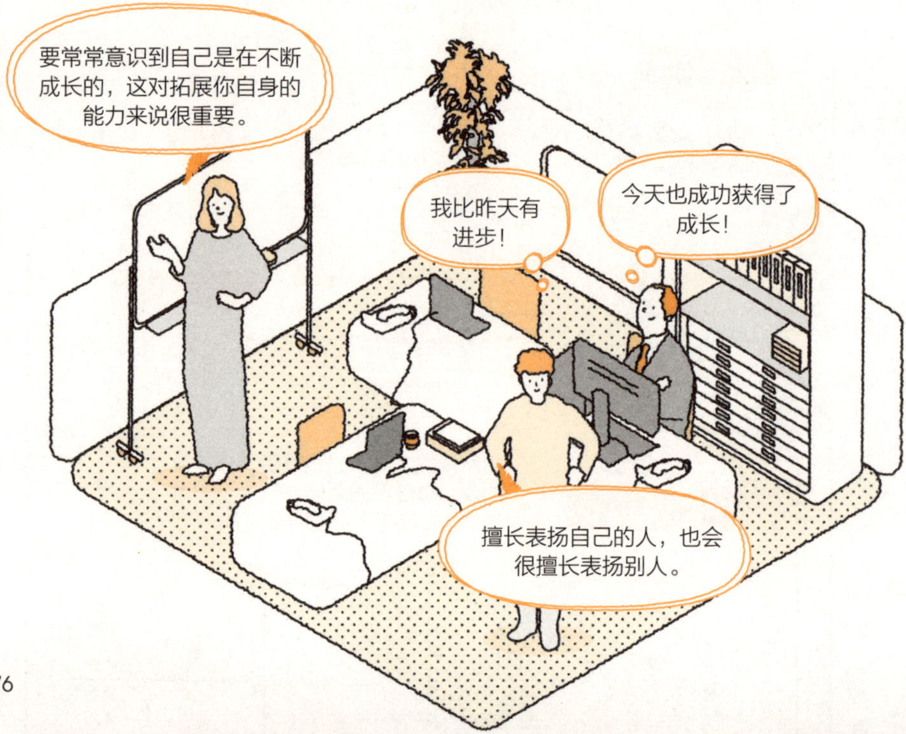
要常常意识到自己是在不断成长的，这对拓展你自身的能力来说很重要。
我比昨天有进步！
今天也成功获得了成长！
擅长表扬自己的人，也会很擅长表扬别人。

07 对别人做出让步，是为以后考虑

不要总是不管不顾地追求胜利，有时后退一步，把胜利让给对方也是很重要的。

为了取得成功，比起执着于眼前的胜负，有时更需要先取悦眼前的人，后退一步，把胜利让给对方，这也是很重要的。就像拔河的时候，如果你一直领先，对方就也没什么乐趣了。如果你内心怀有也让对方稍稍拔一拔、获得一些乐趣的心态，那么这也会成为接下来的铺垫，以更好的形式返还到你这里。这里所说的对方，可以是你的顾客，也可以是你的下属、员工、同行和家人。

取悦眼前的人

虽然我不提倡吃亏是福，但单纯地以取悦眼前的人为出发点，抱着这样的心情和心态，是很重要的。
如果你执着于眼前的胜负……
我虽然有钱，但没有伙伴了……
一旦受挫，身边的人就会离开我……
就算在眼前的工作中略胜一筹也无法成为今后的基础……
我们有着相互谦让的美德。在工作和为人处世上，也要再一次回到原点，重新思考。

08 学会花钱比学会存钱更重要

在这里，让我们来看看成功的人在意的、关于花钱方式的五个定义吧。

成功的人大部分都认为，学会花钱比学会存钱更重要。并且，他们对花钱的方式下了五种定义，并常常关注。这五种定义分别是最低限度必需的消费，不必要的浪费，为了未来的自己所支出的投资，为了某个目标而进行的目标储蓄，当月剩余的临时储蓄。

把花钱的方式分为五种

消费
伙食费和住房花费等，最低限度的必需的费用。
好好吃！
浪费
在无意间花费的、不必要的支出。
¥
投资
买书，听讲座，为了锻炼身体而去健身房等，为了未来的自己所做的投资。
学到了
目标储蓄
启动资金、购房款、旅行费用等，就像文字本身所描述的，为了某个目标而进行的储蓄。
差不多就快到目标金额了！
临时储蓄
当月剩余的钱。储存一些没有急用的部分。
这个月存下了这么多！
¥

在这五种类别之中，实际上最重要的就是投资。如果你对现在的自己已经足够满意，那么去除这一项也没关系。但是，如果你认为自己还需要成长，还想要更进一步，那么就很有必要进行自我投资。从意识到自我投资的必要性开始，通过坚持这种行为，绝大部分的人都表现出了明显的、积极性的变化。请你也一定要培养自己的金钱管理能力和金钱思维。

五种类别之间的关系

花钱方式的五种类别之间存在相互影响的关系。
投资×浪费
去听讲座、买书，这些为了未来自己的发展所进行的消费都是投资，但是，如果你去听讲座、买了书之后都没有做的话，那这些就是浪费了。
再来一瓶！
回头再读吧……
消费×浪费
当你吃晚餐时决定要喝一瓶啤酒，那么这一瓶啤酒是为了明天更有力量，算作消费，但如果你一瓶接着一瓶的增加数量，这就是浪费了。
目标储蓄×消费×浪费
如果你有创业启动资金、考取资格所需费用等具有明确的使用目的的花销，那么就思考一下为此每个月要存储的金额以及为了确保这个金额的消费行为吧。思考之后，如果存在能够削减的消费行为，那就是浪费。
临时储蓄
在这五种类别中，临时储蓄由于来源各不相同，无法一概而论，但我们要认识到积少成多、聚沙成塔的道理。
考虑一下可以削减哪一项消费吧。
小看一元钱的人，也会因为一元钱而哭泣的！

09 有意识地消除无效时间

如果你觉得时间不够用，那么在思考要做些什么、要怎么做之前，先来想一想要怎样把时间空出来吧。

为了消除无效时间，我们有必要在平常的生活中就注意什么是有效的时间，什么是浪费的、无效的时间。举例来说，如果你像下文这样列出无效时间行为清单，就能把自己在日常生活中浪费的无效时间可视化。这种情况下，重要的不只是要写出无效的行为，还要用红笔在后面写上相应的对策。通过在睡前完成这样的行为，你可以在显意识关闭之前，把这些内容输入你的大脑。

无效事件清单和相应的对策的例子

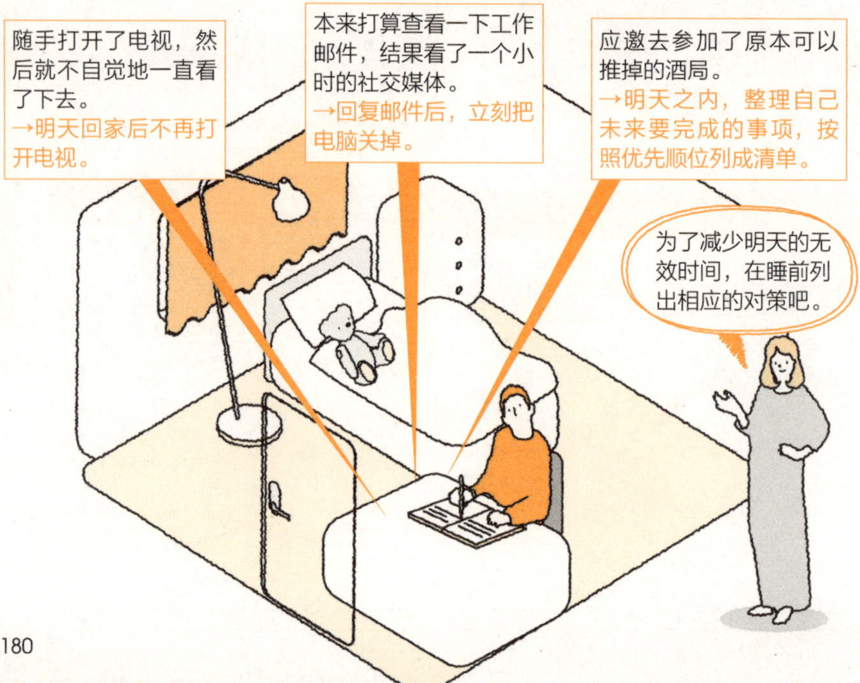
随手打开了电视，然后就不自觉地一直看了下去。
→明天回家后不再打开电视。
本来打算查看一下工作邮件，结果看了一个小时的社交媒体。
→回复邮件后，立刻把电脑关掉。
应邀去参加了原本可以推掉的酒局。
→明天之内，整理自己未来要完成的事项，按照优先顺位列成清单。
为了减少明天的无效时间，在睡前列出相应的对策吧。

基本上来看，擅长管理时间的人在考虑要做些什么和要如何去做之前，会先考虑如何把时间空出来。为此，我们有必要具备调配时间的能力。举个例子，我们可以像下文所说的这样，把时间分配情况记录下来进行整理，通过舍弃和去除一部分事务，就能空出自己的时间。所谓时间管理，指的就是要具备调配时间的能力。

明确要做的事和要停止的事

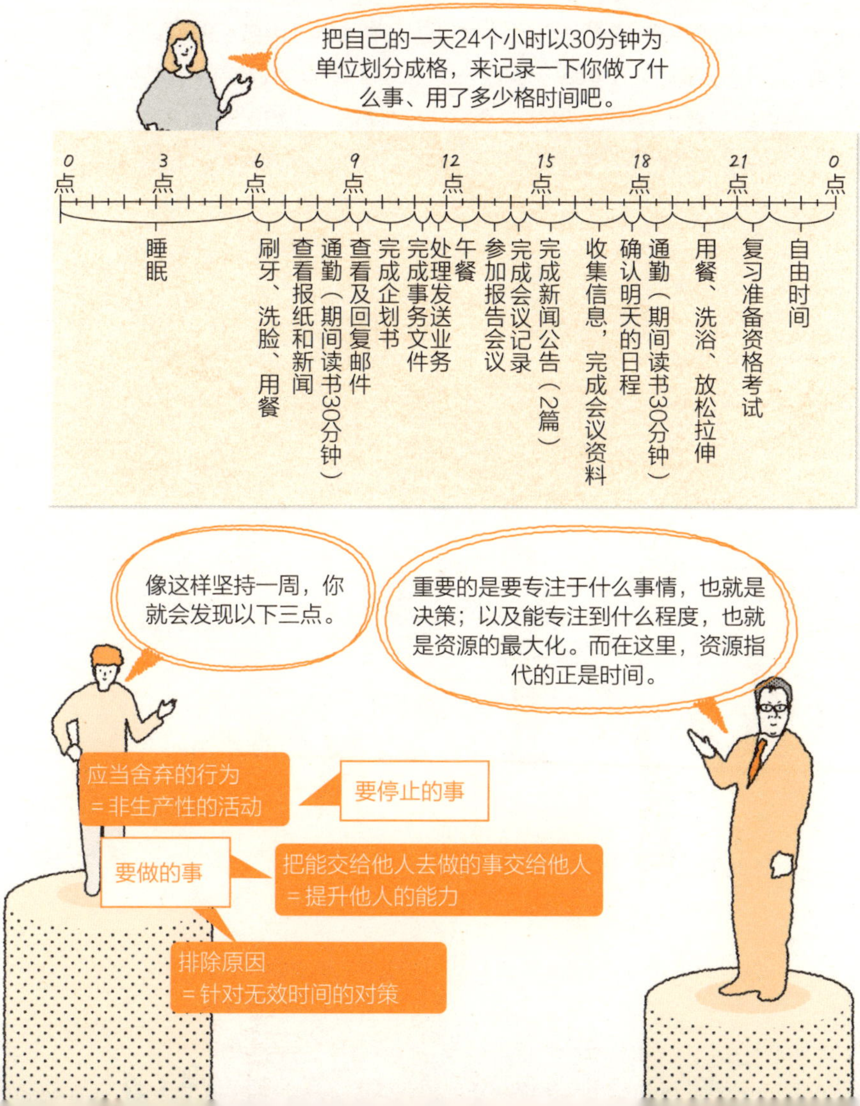

把自己的一天24个小时以30分钟为单位划分成格，来记录一下你做了什么事、用了多少格时间吧。
0点
3点
6点
9点
12点
15点
18点
21点
0点
睡眠
刷牙、洗脸、用餐
查看报纸和新闻
通勤（期间读书30分钟）
查看及回复邮件
完成企划书
完成事务文件
处理发送业务
午餐
参加报告会议
完成会议记录
完成新闻公告（2篇）
收集信息，完成会议资料
确认明天的日程
通勤（期间读书30分钟）
用餐、洗浴、放松拉伸
复习准备资格考试
自由时间
像这样坚持一周，你就会发现以下三点。
重要的是要专注于什么事情，也就是决策；以及能专注到什么程度，也就是资源的最大化。而在这里，资源指代的正是时间。
应当舍弃的行为
=非生产性的活动
要停止的事
要做的事
把能交给他人去做的事交给他人
=提升他人的能力
排除原因
=针对无效时间的对策

10 向他人讲述设想和主意

通过有意识地向别人讲述自己的设想和主意，你可以对自己头脑中的信息进行整理。

如果你想得到帮助，那就积极地向别人讲述你的设想和主意吧。我们在把头脑中的信息形成语言进行输出的过程中，通过用自己的耳朵听，能够再一次确认（输入）这段信息。无论是谁，都会对这两段信息进行比较，分析自己真正想传达的是什么以及要怎样传达才能达到自己想要的效果。接下来，在你下一次与其他人说起同样的话题时，就能更顺畅地传达谈话的要点。

通过讲述来整理信息

在讲述自己的梦想的过程中，发现了自己真正想做的事情。
在向别人讲述构思的过程中，把自己想表达的信息进行了整理。
在向对方讲述自己的理想的过程中，发现了自己的不足之处。
尽可能向更多的人讲述你的梦想、构思、理想吧。这样一来，你输出的语言和再次输入进来的信息会得到整理和强化。

11 失败了就坦率地道歉

人类是通过不断重复失败来成长的。但是，如果你的失败给别人造成了困扰，那么立刻干脆果断地道歉还是很重要的。

无论是谁，只要活着，都会有许多失败和给别人造成困扰的时候。失败绝不是一件坏事。只要你能从中吸取教训、得到成长就可以了。但是，当你失败或是给别人造成困扰时，就算对方是你的下属或者后辈，也要立刻郑重道歉。一定不能敷衍搪塞，或是撒谎糊弄。只要你撒过一次谎，下一次也很容易搪塞糊弄，久而久之就会失去信用。

能够立刻干脆果断地道歉是很重要的

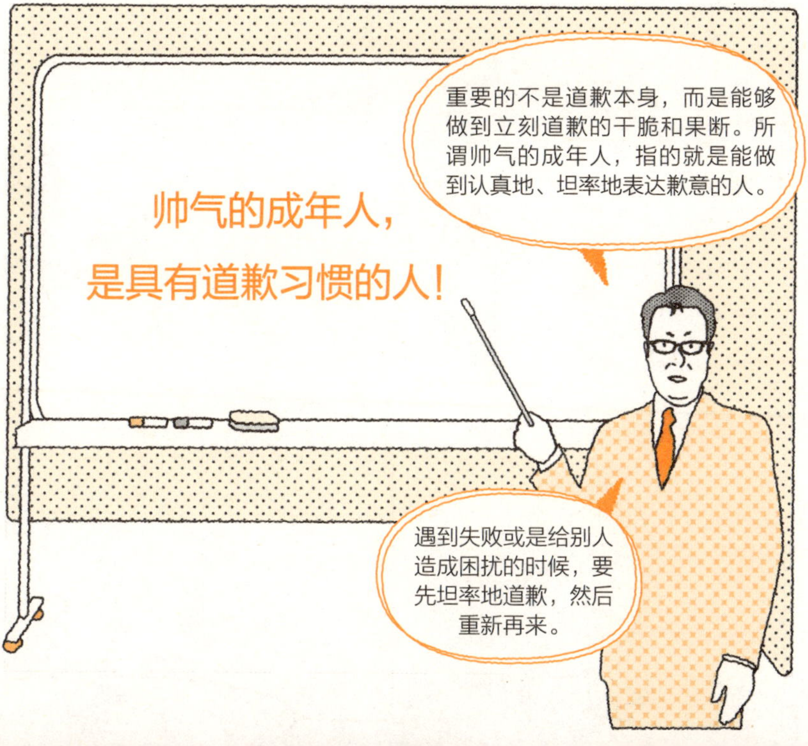
帅气的成年人，
是具有道歉习惯的人！
重要的不是道歉本身，而是能够做到立刻道歉的干脆和果断。所谓帅气的成年人，指的就是能做到认真地、坦率地表达歉意的人。
遇到失败或是给别人造成困扰的时候，要先坦率地道歉，然后重新再来。

12 具备“执行力”和“变身术”

在推进工作上，最重要的不是细致的准备，而是立刻展开行动的执行力。

人生中，尤其是在工作方面，实践比思考更重要，这是比任何事情都重要的法则。能不能顺利进行，或者说有没有这份实力，都没什么关系。没有实力的话，先展开行动，一边体验一边积攒实力就好了。所谓实力，就是经验的积累。那么这样一来，就只要增加实践的数量就好了。能够积攒下更多经验的人，就是具有执行力的人。

执行→经验，会成为你的实力

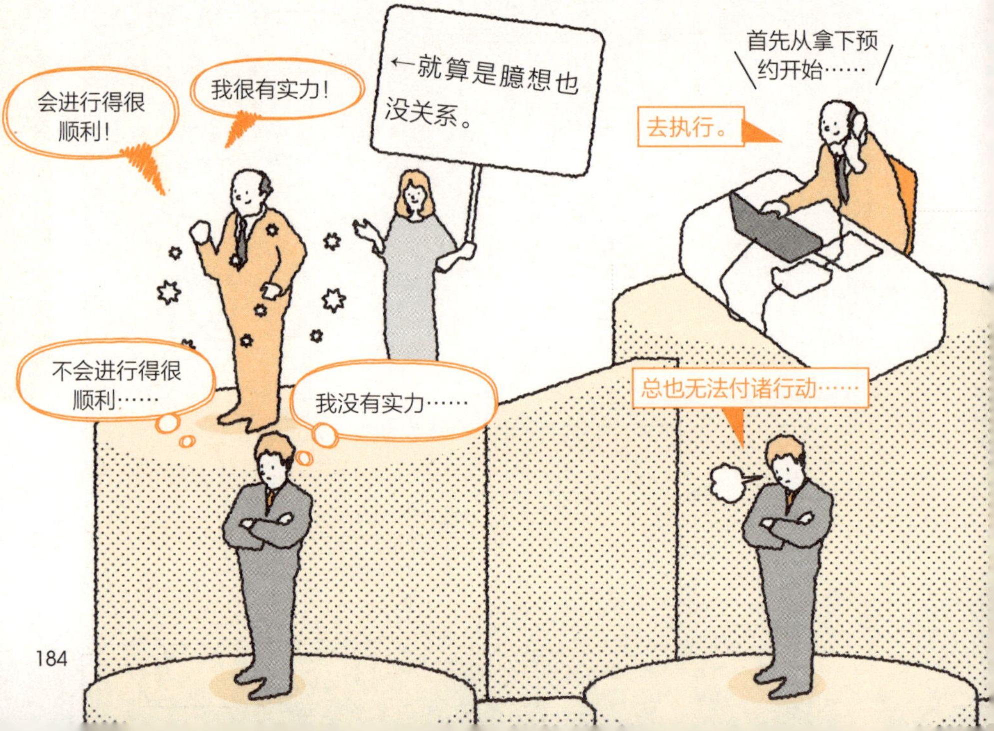
会进行得很顺利！
我很有实力！
←就算是臆想也没关系。
首先从拿下预约开始……
去执行。
不会进行得很顺利……
我没有实力……
总也无法付诸行动……

实践比思考更重要。践行这一点，当进行得不顺利时，就去思考如何才能改善，然后再次实践，这样一来就会逐渐积攒属于你自己的技巧。这就是成长的本质。顺便要说，对于培养执行力来说，扮演理想的自己的“变身术”也是很有效的工具。但是，你可不要只是不管不顾地立刻去行动，而是要变身成为理想的自己，坚持到底。如果你对自己的实力持怀疑态度，畏首畏尾，半途而废，那么成果不尽如人意也是理所当然的。请你也注意立刻变身、立刻实践试试吧。

如果是那部电视剧的主人公，他会怎么做呢？
通过扮演（变身）成为理想的自己或是对自己有指导作用的人物，来强化你的执行力。
如果是那位经营者，他会如何判断呢？
如果是理想的自己，他会怎样回答呢？
在思考之前先付诸行动，一边实践一边思考吧。
就算遇到麻烦……
获得真正的实力。
进行得不顺利也是一种经验，重复试错和实践，能使你积累属于自己的技巧。
无法增强实力。
无法积累经验。

自学笔记

自学笔记

习惯
养成笔记

第8章

能够调整好
心态的习惯养成术

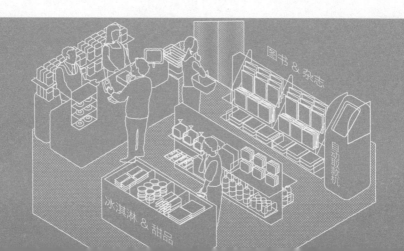

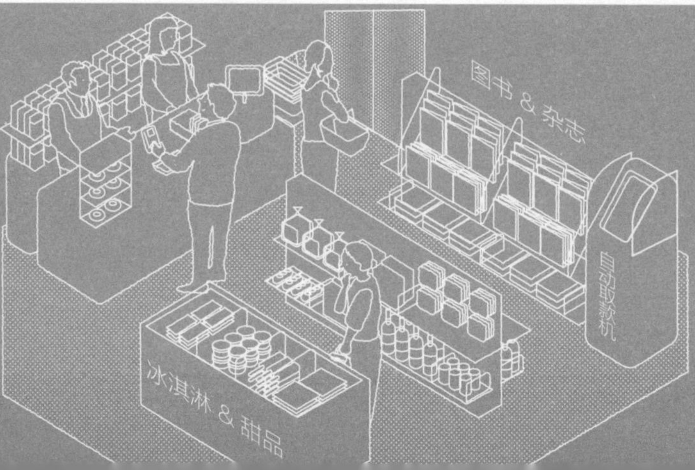
图书 & 杂志
自动取款机
冰淇淋 & 甜品

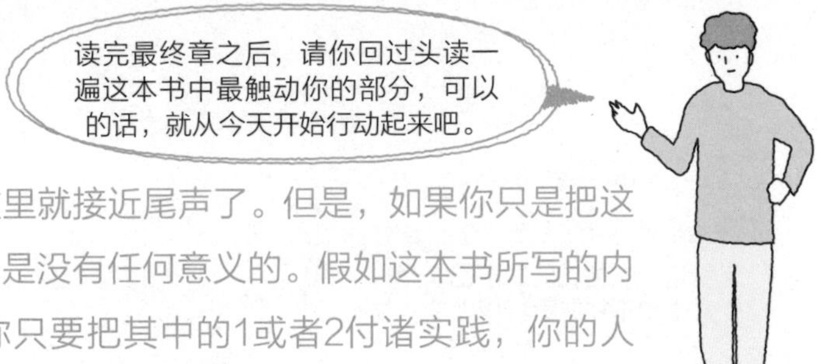
读完最终章之后，请你回过头读一遍这本书中最触动你的部分，可以的话，就从今天开始行动起来吧。

这本书到这里就接近尾声了。但是，如果你只是把这本书读完，是没有任何意义的。假如这本书所写的内容是10，你只要把其中的1或者2付诸实践，你的人生就会发生改变。调整好心态，慢慢地、踏实地，去接近那个未来你想要成为的自己吧。

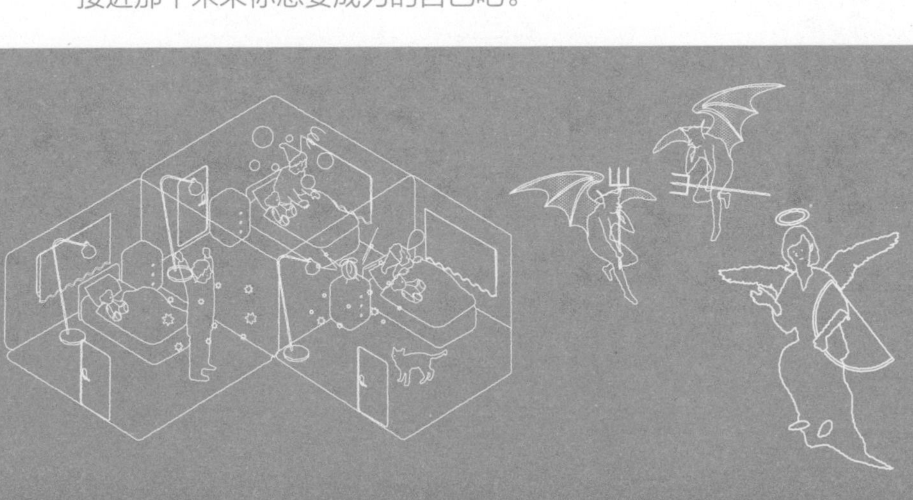

01 常常保持感恩之心

对任何事物都抱有感恩之心，能培养你的精神力量，这样，你在面对任何状况时都能积极向前。

成功的人，会频繁地使用“谢谢”这个词语。不是说因为别人为自己做了什么、帮助了自己什么，而用“谢谢”这句话表达心意；而是就算什么事都没有发生，也要表达感谢。用谦逊的态度，不忘感恩、持续努力，这样的人总是能迎来机遇。要进行这样的思考和行动，重要的话语就是“谢谢”。

稻盛和夫先生的“六项精进”

我们在第7章介绍过实业家稻盛和夫先生，他把自己认为在人生和工作方面最重要的实践项目总结为“六项精进”，其中之一就是“感谢”。

努力（Effort）
付出不亚于任何人的努力。

谦虚（Humbleness）
要谦虚，不要骄傲。

反省（Reflection）
要每天反省。

感谢（Thankfulness）
活着，就要感谢。

善行（Benevolence）
积善行，思利他

感性（Sensibility）
不要有感性的烦恼。

在实践的过程中，我们也会有不顺利的时候，有遭遇失败的时候。在这种时候，有必要为了脸面而强撑吗？发生在你自己身上的事情，究其原因，不在于环境和他人，全部都在于你自己。并且，在人生和工作方面，如果没有他人的助力，你只凭借自己一个人的力量，是不可能获得成功的。无论在什么样的环境和状况下，为了保持积极向上的态度生存下去，“谢谢”这句话都是不可或缺的。

感谢自己能够存在于这个世界上

人是无法只凭自己一个人而生存的。空气、水、食物以及家人和工作伙伴乃至社会，等等，人是被所有这些与自己相关的事物支持着而得以生存的。

这么一想，自然而然就会生出感恩之心。但是如果你一直生活不幸、被健康问题所扰，就算要你心存感谢，想必也很难做到。

即便如此，对生存本身心存感激还是很重要的。当你抱有感恩之心，自然就能感知到幸福。感谢自己能够存在于这个世界上，感受幸福。这样的心态能让你的人生变得丰富多彩。

面对不平不满之事不要一味抱怨，而是要对现在你所拥有的事物心存感谢。并把这份感谢之情用“谢谢”这句话，和笑容一起传达给周围的人。这样一来，不仅你自己，周围的人们也能够得到情绪的缓和，获得幸福的感受。

出典自：稻盛和夫官方网站《六项精进》

对周围的感谢自不用说，如果你能拥有较强的感谢自己的能力，内心就会比较安宁，也能够培养持续努力的精神力量。
无论处于多么困难的状况下，都要向这件事本身表示感谢，也要对直面这种状况的自己表示感谢，从这样的心态出发看待事物，你就不会感到痛苦，而是能更多地感到庆幸。

02 对父母的感恩和尊敬有助于调整心态

对父母的感恩之情，能够帮助你调整好心态。而安定的内心，能使你更好地把握眼前的机遇。

父母是我们的根，这是理所当然的事。人们经历着各自不同的人生，有不同的家庭环境。针对自身的亲子关系，想必大家都有着各自不同的处理方式。但是，如果你常常心存对父母的感恩之情，内心的烦躁就都会不

抱有感恩之心，能够使你的心态得到良好的调整

▶无论是谁都能立刻做到的孝行

大多数成功者都常常把对父母和祖先的感恩挂在嘴边。怀有一颗感恩之心，能够使你的心态得到良好的调整。
向父母表达感恩之情。
谢谢！
为父母庆祝生日和纪念日。
生日快乐！
喵
通过电话和书信等，增加和父母联络的机会 。
喂?

可思议地消失。当你抱有一颗感恩的心，自己的心态就会得到良好的调整。

话虽如此，但机遇不会自动来到我们面前，而是要我们自己去寻找。如果心态没有调整好，就会容易错过机遇。而当你的心态已经调整好的时候，你对眼前的事物（机遇）就能够很快做出决断，从而迅速把握机会。你要常常挂念父母，带着感恩和尊敬之情孝敬父母。这件事本身就会成为令你抓住机遇的契机。

探望父母。
我回来了！
回来了呀！
去扫墓。
我去爷爷那里看一看。
路上慢点。
和父母一起去旅行。
一起去吧！
给父母寄生活补贴和礼物。
您的汇款单！
这是从哪里寄来的？
和父母一起做他们感兴趣的事。
爸爸，去打高尔夫球吗？
独立、结婚、让父母抱上孙子孙女、一起喝个小酒等，这些也都是最好的孝行！

03 真正的比赛从感受到极限时开始

为自己划定界限的，是你自己。就算你觉得已经到了你的极限，也一定还有你不知道的方法。

人活着，就有觉得自己已经到了极限的时候。但实际上，为你划定界限的，是你自己。人生从你感受到极限的时候，才开始真正的比赛。即使你到了30岁，也只是你在仅有的30年人生里尝试了你所知道的所有方法。而你所知道的所有方法，并不是这世上存在的所有方法。

机会就在你感受到极限时来临

书店
你需要的，就是相信自己能够成功，坚持挑战。

也就是说，极限就是机会，我们可以学习未曾了解的方法并去尝试实践。如果你无论如何都想不到越过极限的方法，那就虚心向周围人请教吧。只凭借自己在至今为止的人生中获得的知识和经验，就给自己设下了界限，这是大错特错的。你需要的，是相信自己能够成功，并坚持挑战。当你感到自己到了极限的时候，才正是你接近理想的自己的机会。

当你感受到极限时，才正是你能够尝试不同方法的机会！
无论一切顺还是不顺，都要常常以理想的自己为目标不懈努力。脑科学×习惯，能够改变你的人生！

自学笔记